JN096091

1

口絵 1　ジョン・ガスト『アメリカの進歩』（1872 年）
（https://commons.wikimedia.org/wiki/File:American_Progress_(John_Gast_painting).jpg）

口絵 2　小林清親／画「高輪牛町朧月景」（所蔵先：江戸東京博物館, 1879 年）
（画像提供：東京都江戸東京博物館／ DNPartcom）

口絵3 『ロンリー・プラネット』の表紙を飾った嵐山の竹林（2015年）（劉雪雁撮影）

口絵4 北京の観光スポットに設置されている監視カメラ（2019年）（劉雪雁撮影）

メディア論

水越　伸

まえがき

20世紀は西暦1901年に始まったが，いわゆる20世紀的な社会は1920年代に始まったといわれることがある。それにならい，21世紀もまた2020年代に始まったのではないかと考えてみることは，あながち無駄ではないだろう。

今から20年前の2001年，アメリカの同時多発テロ，いわゆる「9.11」が世界に衝撃を与えた。当時の日本はITバブルに沸き，インターネットに接続でき，写真が撮れる携帯電話がようやく一般化した頃だった。そして2011年，日本は東日本大震災，「3.11」で甚大な影響を被った。SNS（ソーシャル・ネットワーキング・サービス）が本格的に普及し始めたのは，その数年後のことだった。たった10年前の当時でも，地球温暖化と異常気象，日本国内の経済格差，中国とアメリカの国際的対立といった，21世紀を通じて人類が取り組むべき大きな問題群を，私たちははっきりととらえていなかった。

2020年代に入り，新型コロナ禍がパンデミックとなり，国家や国際機関がその対応に追われるなかで，私たちは初めてそれらの問題群が根底で結びついており，密接に関わり合って生じたことを理解するようになった。すなわち，欧米諸国が進めた世界貿易，植民地支配，産業文明，および大衆消費社会の発達，それに伴う膨大な量の化石燃料の使用など，いわゆる20世紀的システムと呼ばれるものが，21世紀的課題をもたらしたのである。19世紀末から富国強兵，殖産興業を進めて先進国の仲間入りをした日本も例外ではない。日本は，高度経済成長の経済社会モデル，すなわち大企業中心，東京中心，男性中心のあり方をいまだにうまく刷新することができずにいる。

　こうした状況下で，メディアという概念の意味とメディア論は大きく
そのあり方を変えつつある。社会のあらゆるものごとをメディアが支
え，媒介するようになったためだ。

　2000年代まで，メディアといえば新聞，放送などのマスメディアの
ことか，あるいはインターネットや携帯電話などのデジタル・メディア
を意味していた。メディア論もまた，マスメディア論に加え，インター
ネットや携帯電話などに関わるメディア論が，個別のメディアに結びつ
いて展開していた。いい方を変えれば，その時代まで，私たちの社会の
なかに，メディアに媒介されないコミュニケーションやメディアと無関
係な領域が，まだあると一般的には考えられていた。

　しかし家電や自動車が常時インターネットに接続され，街や道路のい
たる所に監視カメラが設置され，オンライン会議やネット通販が当たり
前となった現在，メディアの意味合いは大きく拡張された。私たちは本
書を，そうしたメディア状況に対応した，新たなメディア論の骨格を描
き出すために出版した。

　本書は2018年に出版された『メディア論』の改訂版であり，3名の
執筆者は変わらない。ただ，内容を全面的に書きなおした。新たな情報
を加筆したことはいうまでもないが，それ以上にメディアとはなにか，
メディア論的なパースペクティブとはいかなるものかの説明を重視し
た。先に，メディアに媒介されないコミュニケーションやメディアと無
関係な領域があるという一般的な通念をあげたが，じつはそのような領
域はそもそもなかった考えるべきだ。古来，あらゆるコミュニケーショ
ンはメディアに媒介されていたのであり，あらゆる社会領域はメディア
によって枠づけられてきたというのが，メディア論の一貫した考え方で
ある。私たちは，新たなメディア情勢も取り上げつつ，他方で伝統的な
メディア論の骨格を紹介し，古くからある思想に新たな光を当てようと

試みた。

　最後になったが，この本と授業ができあがるまでにさまざまな方々に
お世話になった。心から感謝を申し上げたい。

2021 年 10 月

筆者を代表して　水越　伸

目次

1 | メディア論の視座

水越　伸

《**目標＆ポイント**》　メディアはコミュニケーションを媒介する事物である。メディアがなければコミュニケーションは生じず，コミュニケーションがなければ文化や社会は成り立たない。ここでは，日ごろ何気なく使われているメディアとコミュニケーションという二つの言葉を学術的な概念装置としてとらえなおし，両者の関係を明らかにすることで，本書の基礎を固めていく。

《**キーワード**》　コミュニケーション，メディア，トランスポーテーション

　第1章では，本書を通して頻繁に使われるメディアとコミュニケーションという言葉の意味を論じておきたい。メディア論，コミュニケーション論のテキストは数多くあるが，そのいくつかをあらためて確かめてみると，メディア論ではメディアの意味を，コミュニケーション論ではコミュニケーションの意味を定義してはいるが，メディアとコミュニケーションの関係を十分に論じたものは少ない[1]。しかし後述のように，両者は記号や物質とその乗り物，あるいは情報や中身とその土台として不可分の関係にあり，その相互関係の上で初めて単体としての意味を持つ。先回りしていえば，あらゆるコミュニケーションにはなんらかのメディアが必ず介在しているのである。ここでは両者の関係を中心に，基本的な視座を固めていこう。

1.　日常的であり専門的でもあるやっかいさ

　メディアとコミュニケーションはいずれも学術的な専門用語であるが，普段よく使われる言葉でもあり，私たちはなんとなくその意味合いを知っているつもりでいる。たとえば私たちは日常会話で「お金」という言葉はよく使うが，「貨幣」という専門用語はほとんど使わない。一方，メディアやコミュニケーションは「お金」と同様に日常的に用いられている。しかしそれを専門的な意味合いで理解する機会は皆無に等しい。

　また普段の会話で「修辞学」や「オブジェクト指向存在論」といった学問領域に言及することはほぼありえない。しかしメディア論，コミュニケーション論という語は，情報番組のフリップ，雑誌の特集タイトルでもしばしば見かける。

　こうした状況がメディア論をやっかいにしている。私たちは学術的に理解していないにもかかわらず，それらをなんとなく知っているような気になって日常的に使っているからだ。そのため，メディアやコミュニケーションのことをテレビやネットで語られる通り一遍のとらえかたでわかったつもりになり，それ以上に考えを深めることはない。その状況を乗り越えないと，メディア論の視座を手に入れることはむずかしい。

　まずコミュニケーション，メディアの順で，これらの使い慣れた言葉の意味をあらためて吟味してみよう。

2.　前提とすべき二つのことがら

　コミュニケーションとは意思を疎通する営みのことをいう。まず，この概念について，いくつかの前提となることがらを考えておこう。

　第一に，コミュニケーションという現象の範囲についてである。かつてコミュニケーションは人と人のあいだで起こるものと考えられていたが，現在，あらゆる生物はなんらかの意思の疎通をして生きていることが明らかになっている。自宅にペットがいる人であれば，犬，猫はもちろん，カメや金魚，小さなミジンコでさえ，飼い主とのあいだで，あるいは生き物同士でコミュニケーションしているということを経験として知っている。人間のコミュニケーションは，広く生命進化の歴史のなかで生み出された生物のコミュニケーションを土台として成り立っているのである。

　しかし，人間だけがおこなうコミュニケーションもある。イメージを育む能力を持っている私たちは，神社で神様にお祈りしたり，墓石の下に眠る先祖に向かってお参りをする。人形やぬいぐるみを話し相手にする幼児や高齢者は数多い。これらの現象は，私たちが神様，ご先祖様，友人をバーチャルにイメージし，それらを建物や石や人の形をしたもの（それらこそがメディアだが後述する）に託し，それらと人間がコミュニケーションする営みだとみることができる。

　さらに近年，ロボットやAI（Artificial Intelligence：人工知能）が社会のあちこちに姿を現しつつある。昨今では，スマートフォンに組み込まれた人工知能システムと対話するために画面に向けて語りかけたり，コンビニやホテル，銀行窓口でロボットを相手に支払いを済ませたりすることが珍しくなくなってきた。インターネット上の金融商品を仮想エージェント同士が売買するなど，人を介さないシステムとシステムのあいだでも情報のやり取りは展開されている。

　これらもまた，広義のコミュニケーション現象としてとらえておこう。本書では主に人と人，あるいは人とシステムのコミュニケーション現象に照準するが，デジタル化の進展はシステムとシステムのコミュニ

ケーションまでを射程に入れなければ理解できない段階に達しているからである。

　第二に、コミュニケーションというのは、じつは多くの場合はうまくいかないということをわきまえておく必要がある。私たちは日ごろからさまざまなコミュニケーションをしている。近所の人とのあいさつや立ち話、家族の会話、教室での授業や学習、国家間の外交や戦争、営業先での説得交渉などはすべて、意思疎通の具体的なあり方だ。少しふり返れば明らかなとおり、近所付き合いや家族関係がギクシャクすること、先生の言っている意味がよくわからないこと、国家間のいさかいや非難の応酬、売り込みや説得の失敗などはままあることだ。

　コミュニケーションといえば、意思の疎通がうまくいくことを前提にした概念のようにとらえられがちだが、現実には数々の失敗、いわゆるディスコミュニケーション[2] のなかで、時々コミュニケーションが生じるととらえるべきだろう。

3. 電信の発達とコミュニケーションの独立

　さて、以上を前提とした上で、あらためてコミュニケーションという概念をもう少し詳しく検討しておこう[3]。まず、コミュニケーション（communication）は、コモン（common）、コミュニティ（community）などに通じる、共有、わかちあい、協働などの意味合いが重なるところから派生した言葉だ。しかし一方で、テレコミュニケーションが電気通信、ICT（Information & Communication Technology：情報コミュニケーション技術）が情報通信技術と訳されるように、コミュニケーションには通信、情報伝達という意味合いもある。語源からすれば「共有」などが本来の意味合いのようだが、現在はそれよりも「伝達」

の方が大きく迫り出してきている印象を受ける。これはどういうことなのだろうか。

　このことを理解するためには，19世紀半ば以降に起こった鉄道の発達による輸送革命とコミュニケーション論の起源についてふり返る必要がある。まず19世紀半ば以降の鉄道の登場である。19世紀半ばという時期は，本格的な近代化，産業化，都市化が始まった時期と重なっている。鉄道はそれらにとって不可欠な要因だったのだ。それ以前，人間の生活の大部分は町や村などのコミュニティに根差していた。近年の研究は，近代以前にも宗教的巡礼や商業目的の旅行が想像以上にさかんだったことを明らかにしてはいるが，しかし大部分の人々はコミュニティで生まれ，そのコミュニティで死んでいくという人生を送っていた。コミュニティは人々が多様なコミュニケーションを営むことで成り立っていたとみることもできる。

　こうしたなかで，19世紀半ば以降になると鉄道が登場した。鉄道網がいわば神経系となって近代国家の国土空間が形成され，経済や地理のあり方を大きく変えたといってもよい。鉄道は，機関車などの車両，軌道，機関手などの専門的な乗員，時刻表などの他，機関車の移動に先んじて情報を届ける電信までを組み込んだ，一つのシステムとして発達したのだった。

　ここで特に注目すべきなのが電信の存在だ。電信があることで初めて，汽車の到着に先んじて薪や石炭，人員を事前に手配することができた。初期の機関車は見世物として人気を集めたというが，もしも電信がなければ鉄道はシステムとして発達することはなかっただろう。このことはコミュニケーションに二つの大きな変化をもたらした。第一に，鉄道と電信のシステムによって，それまでの馬車などの荷車とは比べ物にならないくらいの量の人やモノを，ほとんど地の果てと呼んでよい距離

にまで輸送することが可能になった。すなわち人やモノの移動距離が著しく拡張され，コミュニティを超えた輸送，流通が可能になったのだ。第二に，それまで情報の移動には飛脚，早馬，駅馬車など，物体の移動が必ずともなっていたのに対して，電信によりケーブルを伝わることで電気信号がほぼ瞬時に送信可能になったことだ。すなわちコミュニケーションとトランスポーテーション（輸送）が分離されたのである。

　19世紀半ば以降も多くの人々はコミュニティで生きていたから，そのコミュニケーションはコミュニティの内部で，いわばミクロな営みとして続けられていた。そこでは「伝達」と「共有」はある文化的なバランスをもって維持され，実践されていた。しかし電信が著しく発達したために，そのバランスがある意味では崩れた。言い方を換えれば新たな比率となり，「伝達」という意味合いが著しく肥大化したのである。電信はその後，株式市場や金融市場の全国展開を支え，新聞ジャーナリズムの速報を可能ならしめた。電信ののちに電話が登場し，テレコミュニケーション領域が，技術的，産業的，国家的に重要な領域として確立していくこととなる。その過程でコミュニケーションの意味合いは，情報伝達に大きく片寄っていったのであった。

4. 伝達と共有：コミュニケーションの二つの側面

　さて，ここまで来てようやく，コミュニケーションが持つ情報伝達と感情や思想の共有という二つの意味合い，二つの働きを整理することができる。すなわち人間のコミュニケーションには元々これら二つの側面があった。一方で19世紀半ば以降の輸送革命のなかで，モノの移動から分離する形で情報の移動，すなわち情報伝達は発展し，企業や国営事業などの組織体がその役割を担った。当初は電信・電話事業であり，そ

れはテレビやラジオの登場以降は電波メディアを補完するインフラとしてそれらの事業を支え，インターネットの登場以降はデジタル・ネットワークへとそのあり方を転換していったのだ。このような資本主義的，あるいは国家事業的なコミュニケーション事業の発達は，コミュニケーションという概念が持つ情報伝達という意味合いと機能を著しく肥大化させていくことになった。そのことが，この言葉の本来の意味合いである思想や感情の共有以上に大きな存在となり，しばしば共有という意味合いを覆い隠してしまうような事態を招いたのである。

　しかし，共有という意味合いがなくなったかといえばそうではない。たとえば会社のある部署や学校のサークルで人間関係がギクシャクしたときに，「どうもコミュニケーションがうまく取れない」という表現がされることがある。あるいは大切な話があるときに，人は手書きで手紙をしたためる，直接会って相手の目を見て話をする，といったコミュニケーションを選択する。それらはいずれも，感情や思想の共有（交感）を目的としている。

　また2010年代以降，SNSで繰り広げられるいくつもの炎上劇を子細に見ると，そこにはユーザーが感情や思想を共有したり，逆に反感を持って排他的になるといった複雑な動きがうねりをあげている。そこに現れているのは，まぎれもなくコミュニケーションの本来の意味合いだといってよいだろう。あらゆるコミュニケーションは，情報伝達と感情や思想の共有があざなえる縄の如くより合わさっているとみておく必要がある。

5. 媒<ruby>なかだち</ruby>としてのメディア

　メディアという概念の検討に移ろう[4]。メディアはコミュニケー

ションを媒する「モノ（物）」や「コト（事）」をいう。「モノ」とは，たとえば子供にとって人生で最初の話し相手となる人形やぬいぐるみから，テレビ受像機，スマートフォン，先祖の記憶や記録を偲ぶ墓石まで，コミュニケーションを仲介する物質，あるいは物質的なものを意味する。「コト」とは，書き文字，村祭りや宗教行事のようなイベントから，コンピュータのソフトウェア，スマートフォンのアプリケーションまで，非物質的なシステムを意味する。それらはなんらかの形で，一連の手順や形式，体系を備えている。

　メディアによく似た用語に，アーキテクチャ，インターフェイス，チャンネルがある。アーキテクチャは建築と訳されるが，コンピュータ用語として一般化した 1980 年代以降，建築的な構造と機能を持つハードウェアやソフトウェアを意味するようになった。インターフェイスもまたコンピュータ技術の勃興とともに使用頻度が増してきた言葉であり，異なるシステムのあいだの境界面やそこでの媒介作用のことを指す。たとえばスマートフォンのスクリーンのデザインはインターフェイス・デザインと呼ばれる。そこではデジタル技術と人間という異なる二つのシステムが接しているのだ。アーキテクチャはマクロな社会構造に照準し，それが人々を無意識のうちに枠づける作用をあぶり出すために使われることが多い。一方のインターフェイスはミクロな人と人，人とモノの境界面に注目し，両者のインタラクションを理解し，改善するために用いられることが多い。

　チャンネルという概念がメディアと似ているという印象を，現代の皆さんはお持ちではないかもしれない。しかしメディア論の一つの先祖といえるマス・コミュニケーション論が登場した 1940 年代前後，メディアという概念は用いられずチャンネルが用いられていた。それは，差し当たりラジオやテレビにおける各局に固有の周波数帯の意味だったが，

より学術的には情報の伝達経路を意味していた。先述の情報伝達として
のコミュニケーション理解の典型である。この他，インフラストラク
チャー，プラットフォームなどもメディアの類似概念とみられるが，紙
幅の関係からここでは取り上げない。

　以上の類似概念はそれぞれ出自や照準点が異なっており，メディアと
ともにうまく使い分けて利用するのが有効だろう。また類似する概念の
重なりと違いを吟味することは，概念を立体化し，理論を深めるために
も大切だ。前述のようにコミュニケーションを幅広くとらえる観点に立
つならば，類似概念に比べてメディアという概念が，コミュニケーショ
ン現象，メディア現象全体をカバーする最も総合的な位置づけにある
と，筆者は考えている。なお中国語では，「媒体」は事物（メディア），
その働き（メディエーション）を「媒介」と表現し分けており，日本語
では重なってしまっていて意識されにくい，二つの意味合いが区分して
とらえられていて参考になる。

　重要なのは，コミュニケーションはメディアに媒介されて初めて可能
になるという点だ。トランスポーテーションにおいて飛脚から航空機ま
で移動メディアの存在が不可欠であることと同様に，コミュニケーショ
ンも声を発するための喉からTwitterまで，なんらかの情報媒体が
あって初めて成立するのである。

6. 対面コミュニケーションにもメディアは介在する

　人はよく，相手と対面する直接経験の方が，メディアを介した間接経
験よりも豊かだという。メディアを介したコミュニケーションは機械
的，デジタル的であって，メディアを介さない直接の交流はより人間味
があるともいう。あるいはYouTubeや映画のイメージよりも，実際に

現地を訪れた旅行こそが本物の体験だという。これらは日常生活でしばしば耳にする言い回しであり，強い説得力を持っており，筆者自身もそう感じることがある。しかし果たして本当なのだろうか。メディア論の観点から検討してみよう。

　私たちが誰かと直接対面するとき，私たちは言語という記号システムを用い，喉を使って音を出し，空気を震わせて相手の耳に振動を伝える。相手はその振動を音としてとらえ，その意味を同じ記号システムを用いて解釈し，意味を受け取る。対面して話すという，ごく普通のコミュニケーションにも，言語，喉，空気，耳などがメディアとして介在しているのだ。さらに，お互いの表情，息遣い，しぐさもまたメディアとして非言語的コミュニケーションを成り立たせる。七三分けの髪型やダークグレーのスーツが堅実なビジネス・パーソンであることの表明となり，化粧の仕方やフレグランスの選び方，カラーコンタクトをすることがその人らしさを形づくる。私たちが何気なく身にまとっている表情も化粧も，なんらかのメッセージを伝えたり，イメージを共有するためのメディアになっているのだ。

　あるいは旅行で訪れた観光地で私たちは，知らぬ間に Instagram や雑誌の表紙で見たような構図で風景を切り取り，それらのイメージどおりの時刻，光線の具合などを待って写真撮影をしてはいないだろうか。「インスタ映え」する風景を求めることが当たり前になった今日，直接体験である旅行は間接体験による観光地のイメージに影響され，その観光地に人が行けば行くほど観光地のイメージが膨らんでいく。また初めて行く国や地域を Google マップで検索し，観光スポットやレストランを評価する点数や星の数を比較してどこへ行くかを決めてはいないだろうか。直接経験であるはずの旅行を個人的に楽しむ行為が，プラットフォーム企業の収益源ともなっているのだ。つまり直接経験と間接経験

は今日入り交じり，両者を簡単に区分けすることはできなくなってい
る。

　もちろん人と会う際に，対面と，電話やオンライン会議システムを
使って会うこととは同じ経験ではない。対面状況では，言語はもちろ
ん，互いの身体器官，物理的な距離，息遣いや匂い，服装の生地の材
質，顔色や体つきなど，オンラインよりもはるかに多様なメディアを用
いた複雑で精緻なコミュニケーションをおこなうことになる。両者はメ
ディアに媒介されたコミュニケーションとしては同じだが，対面の方が
より多くのメディアを複合的に用いるという点に違いがある。その違い
はヴァーチャルリアリティ・システムを用いたオンライン・コミュニ
ケーションでも解消はしない。この点が対面の直接経験がより豊かだと
いう認識をもたらしている理由だが，直接経験にもメディアは介在して
いるのである。

7. メディアにも二つの働きがある

　コミュニケーションに伝達と共有という二つの意味合いと働きがある
ことに対応して，メディアにも二つの側面がある。私たちは普段，仕事
や学習では伝達を重視し，プライベートな会話や SNS を介したコミュ
ニケーションでは共有をおこなっている。しかし国家間の外交行事で式
典や儀式，パーティが重視されるように，仕事においても共有は重要で
あり，家族や友人との約束を LINE で調整するようにプライベートでも
情報伝達は不可欠である。メディアはコミュニケーションを成り立たせ
るモノやコトである。書き文字，LINE から衣服や建築物まで，あらゆ
るメディアは伝達手段と共有手段としての働きがより合わさってできて
いる。

　そしてコミュニケーションがうまくいくか，失敗するかもメディアの働きによるところが大きい。SNSに何気なく投稿したメッセージが人の反感やバッシングの対象になるなど，自分の意図とは異なる解釈をされて炎上してしまうことがある。また相手に好きだと告白したつもりが，言葉や表情，ジェスチャーがうまく使えず，何も伝えられなかったという経験をした人は少なくない。コミュニケーションは多くの場合，メッセージが相手に届かなかったり，送り手と受け手のあいだで解釈がズレたりしてうまくいかないことの方が，うまくいくことよりも多い。さらにメディアには，戦争や憎悪，暴力を引き起こす作用もある。太平洋戦争で日本帝国はビラ，新聞，ラジオ，映画などのメディアを宣伝のために用い，鬼畜米英，皇国日本などのスローガンを一般国民にたたき込んだ。Twitterはヘイトスピーチやネット右派の巣窟のようにいわれることもある。いずれのケースでも，メディアは相手を憎み，排除しようとする感情共有と情報伝達の役割を担っているのだ。

　世界はコミュニケーションを神経系として，あるいは血管網として成り立っている。今日の世界はコミュニケーションが絶え間なくおこなわれることでできあがっている。それらが途絶えたら，現代的な意味での世界は崩れてしまうだろう。2020年に勃発した新型コロナ禍は，そのような危機を誰もが体感する機会となったのだった。コミュニケーションはメディアが媒するなかだちことで生じる。メディアを学ぶこと，すなわちメディア論は，一見したところメディアを介さないかのように見えるコミュニケーションが豊かであるという一般常識から距離を取り，社会のさまざまな現象のなかにメディアとコミュニケーションの不可分の関係を見出すこと，日常会話からネット・コミュニケーションまでの幅広いコミュニケーション現象の動きを，それらを媒介するモノやコトとしてのメディアの技術的，社会的なあり方に視点を置いてとらえていくこと

を可能にしてくれる。そして世界について，政治，経済，社会，文化，科学技術といった伝統的な社会領域の区分によってではなく，それを成り立たせるコミュニケーションの媒体（メディア）のあり方とその媒介性（働き）に視点を置くことで，より包括的で柔軟な理解を促すのだ。さらにメディア論は，私たちがマスメディアや ICT 企業にしかコントロールできないと考えがちなメディアのあり方をとらえなおし，それらを私たち自らがデザインしていく可能性を切り拓いてくれる。

　そうしたメディア論はおよそ 1990 年代に生まれた。次章ではその輪郭を概観する。

8. 執筆者と章構成

　最後に執筆者，章構成について説明をしておきたい。

　本書は，2022 年度から 25 年度までの 4 年度間にわたって放送大学で開講される学部生向けの授業「メディア論」のテキスト（印刷教材）である。この『メディア論 '22』は 2020 年度のうちに印刷教材がほぼ仕上げられ，翌 21 年度に放送教材が制作され，それらが 4 年間にわたって使われる。

　もしも本書を 2025 年に読む人がいたら，この内容が約 5 年前に書かれたものであることを心に留めながら読んでほしい。すなわち私たち執筆陣は，中国・武漢から広がった新型コロナ禍が瞬く間にパンデミックの様相を呈し，世界で 9000 万人近い人々が感染し，200 万人近い人々が死亡したあの年，東京オリンピックが延期となり，約 8 年にわたり続いた安倍晋三政権が終わりを告げた 2020 年（令和 2 年）に，あの年の雰囲気のなかでこの本を書いた。読者の皆さんには，数年前に書かれたからもう古いとだけ思うのではなく，2020 年と現在の雰囲気や考え方

のズレや差異から，メディアをとらえる観点を見出してもらいたい。そして流行の奥底に変わらず横たわっているメディアをめぐる重い問題に気づいてほしい。

　次に執筆者（講師）についてである。水越伸は，放送大学で過去5回にわたってメディア論を担当してきた[5]。2018年からはメディア論，メディア技術史の飯田豊，国際コミュニケーション論，観光メディア論の劉雪雁と3名で学部向けの『メディア論』に取り組んでおり，今回はその改訂版として位置づけられる。一般的にいって改訂版は新たに書き下ろすよりもむずかしい。以前の枠組みがさまざまな形で書き手を拘束するからである。

　どのような改訂版にするか。3名で話し合った結果，それぞれの基本的な役割と5章ずつ執筆する点は，『メディア論'18』と同様とした。すなわち前半でメディア論の基本的な考え方を論じることと，後半でワークショップなどの実践的な方法論を紹介し，メディア論の今後の方向性を示すことは水越の役割とした。メディア技術史とメディア思想史に取り組む飯田豊は，近代メディアとメディア思想の発達と，アマチュアやアートのあいだから立ち上がるメディア論的想像力の意義を論じた。国際コミュニケーションと観光メディア研究を専門とする劉雪雁は，近代社会における旅行や観光とメディアの関わり，そしてメディアのデジタル化，グローバル化のもとでの人間のあり方について論じた。その上で全体の調整と取りまとめは水越がおこなった。

　ただし内容は全面的に書き直した。また前回はメディアの時間軸（歴史）と空間軸（地理）という二つの枠組みを提示し，前者を飯田が，後者を劉が担当した。メディアを両軸が組み合わさった事物としてとらえる枠組みは今回も本書の基本とするが，時間軸と空間軸は不可分の関係にあることから固定的な役割分担はやめることとし，3名が共通して時

間軸と空間軸を念頭に論述した。

　また専門用語や学術的概念の総数を減らし，理論や事例をじっくり論じるように心がけた。結局のところメディア論を学ぶ最も大きな目的は，断片的な学術的知識ではなく，メディア論的なものの見方を身につけることによって読者がそれぞれの日常生活のなかのメディアの働きに気づき，それによって世界をとらえなおすことができることだからである。

　最後に，「メディア論」という授業自体が，本書やテレビ番組，ウェブサイト，試験問題など複数のメディアによって成り立っていることをぜひ意識してほしい。本書もテレビ番組も，3名の講師を中心に，編集者，カメラパーソン，ディレクター，番組プロデューサーなど複数の人々が協働して生み出したメディア実践の産物である。それらを読者として，視聴者として，学生として，皆さんは読み解いている。その営みもまたメディア実践なのだ。つまり「メディア論」という授業とそれによる学習自体が，一つのメディア現象なのである。皆さんはすでにその現象に巻き込まれている。どうかその外側にいるふりをしてメディア論を知識として勉強するのではなく，その内側にいることを意識して，自らの生き方や日常生活そのものを批判的にふり返りながら，メディア論に取り組んでほしい。

注

(1) 石田英敬は従来の記号論をメディア論との関係で更新するという試みを意欲的に展開し，そのなかでメディア，情報，記号，メッセージ，コミュニケーションなどの概念を精密に吟味している。石田・東（2019），石田（2000）を参照。

(2) ディスコミュニケーションとはコミュニケーション不全の状態を指す，哲学者の鶴見俊輔が1950年代に作った和製英語だとされている。英語としては不自然

であり，ミスコミュニケーション（miscommunication）の方が通じやすい。鶴
見がこの言葉を用いた思想的背景については，鈴木（2010）を参照。
(3) 以下の議論は，アメリカのコミュニケーション思想家のジェームス・ケアリー
の議論に多くを拠っている。ケアリーは，コミュニケーションには伝達と儀礼と
いう二つの働きがあり，それらが相関しつつ文化を形づくるものととらえた。
Carey（2008）を参照。
(4) 英語で「媒」を意味する言葉はメディウム（medium）であり，その複数形が
メディア（media）である。しかし今日では多くの場合に複数形のメディアが用
いられており，ここでもそれに従う。ウィリアムズ（2011）を参照。
(5) 1997 年から 2005 年まで，2 回にわたって吉見俊哉と学部向けの『メディア
論』を，2011 年から 18 年まで 2 回にわたって大学院向けの『21 世紀メディア
論』を，2018 年から再び学部向けの『メディア論』を担当した。吉見・水越
（1997，2001），水越（2011，2014），水越・飯田・劉（2018）を参照。

参考文献

石田英敬『記号論講義：日常生活批判のためのレッスン』筑摩書房，2020 年
石田英敬・東浩紀『新記号論：脳とメディアが出会うとき』株式会社ゲンロン，
2019 年
レイモンド・ウィリアムズ／椎名美智・武田ちあき・越智博美・松井優子訳『完訳
キーワード辞典』平凡社，2011 年（原著：1983 年）
鈴木園巳「ディスコミュニケーション：鶴見俊輔の戦後と言語への関心」『言語社
会』第 4 号，一橋大学大学院言語社会研究科，2010 年
水越伸『21 世紀メディア論』放送大学教育振興会，2011 年
水越伸『改訂版・21 世紀メディア論』放送大学教育振興会，2014 年
水越伸・飯田豊・劉雪雁『メディア論』放送大学教育振興会，2018 年
吉見俊哉・水越伸『メディア論』放送大学教育振興会，1997 年
吉見俊哉・水越伸『改訂版・メディア論』放送大学教育振興会，2001 年

James W. Carey, *Communication as Culture*. 2nd edition. New York & Oxford:
Routledge, 2008.

身の回りのメディアを探してみよう！

　あなたが今身につけているモノ，あるいはカバンに入れているモノを机の上に並べてみてください。どれがメディアで，どれがメディアでないか，考えてみてください。スマートフォンや手帳がメディアだというのは納得がいくでしょう。コンビニエンスストアでもらったレシートや期限切れのクーポン券はどうでしょうか。さらにカバンに付けたマスコットやタブレット端末に貼ったシールはメディアでしょうか。

　おそらくどこまでがメディアなのか，そもそも何がメディアなのか，迷うことと思います。その迷いを大切にしてください。本章と第2章は，ある意味でその問いへの解答として書かれています（完全に迷いを払拭できるとは思っていませんが）。このごく簡単なワークショップを通じて，あらゆるものがメディアになりうること，あるいは世界がメディアでできていることを，実感してもらえればと思います。

テキストを読み比べる

　近年出版された優れたメディア論のテキストを2冊あげておきます。いずれも筆者らの同僚が編んだ教科書ですが，それぞれに編集方針が異なっています。あるいはメディアやコミュニケーションという概念の使い方が微妙に違っている面があります。

　筆者らは本書において，メディアをそれそのものとしてとらえ，その物質性，空間性，歴史性に重きを置いた議論をしています。この2冊にはどのような特徴があるでしょうか。編集方針の違いから，メディア観の違いを読み取ってみましょう。

●石田佐恵子・岡井崇之編『基礎ゼミ：メディアスタディーズ』世界思

想社, 2020 年

● 辻泉・南田勝也・土橋臣吾編『メディア社会論』有斐閣, 2018 年

2 | メディア論の輪郭

水越　伸

《**目標＆ポイント**》　メディア論の輪郭線を素描する。携帯電話やスマートフォンなどモバイル・メディアの研究を取り上げながら，メディア論がどのようなものの見方をし，いかなる経緯で発展したかを概説する。さらにその特性，可能性や課題を論じ，最後に本書全体を貫く基本的な枠組みを提示する。

《**キーワード**》　コミュニケーション，モバイル・メディア，マスメディア，メディア論

1. 媒（なかだち）に視座を置くこと

筆者はメディア論を端的に説明する必要があるときに，次のように述べている[1]。

コミュニケーションを媒（なかだち）するメディアに着目した知の領域をいう。19世紀以降に発達した新聞，雑誌，ラジオ，テレビなどのマスメディアはマス・コミュニケーション現象や大衆文化をもたらし，それに注目した社会学，マス・コミュニケーション研究，ジャーナリズム論などの知見が折り重なり，マーシャル・マクルーハンのブームや記号論，技術史，カルチュラル・スタディーズ，メディア・リテラシーなどの発展とあいまって，1990年代以降，一つの学際的な学問領域として発展し，確立してきた。

メディアは単に情報を伝達するだけの透明で中立的な手段ではない。

情報技術と社会の絶え間ないせめぎ合いのなかで社会的に形成されてきた。マスメディアの送り手と受け手は，情報をめぐって多元的に駆け引きをしつつ，メディア文化を生み出してきた。デジタル・メディアは送り手と受け手の壁を解消したが，技術基盤（インフラストラクチャーやプラットフォーム）のデザインいかんでユーザーのコミュニケーションのあり方が容易に操作されるようになった。デジタル・メディアにおいてはサービスを提供する産業とそれを利用するユーザーという新たな対抗関係が生じている。

メディア論は，以上のようなメディアの社会的なありようと，それに媒介された人間の知覚や世界認識，社会構成の様式の相関を探究する。2020年代以降は，あらゆることがらを学問的にとらえる際の基礎的な素養として位置づけられるべきだろう。

ちなみにメディア論，メディア研究，メディア・スタディーズはいずれも同じことを指している。英語ではmedia studiesとなる。フランス語圏ではレジス・ドブレがメディオロジーという概念を提示している[(2)]。

第1章で論じたとおり，メディアはコミュニケーションを媒介するモノやシステムを意味する。そのモノやシステムは単なる物質的，技術的な存在ではなく，そのありようは産業や制度，文化のさまざまな要因が複雑に作用するなかで社会的に生成され，ダイナミックに変化をしていく。その状況に着目しながら，それによって媒介される人間行動や社会システムの動態をとらえていくのが，メディア論の眼目だといえる。

しかしこのような抽象的な議論だけではわかりにくいだろう。そこで，まずモバイル・メディア研究というメディア論の具体的な一領域を取り上げてみる。1990年代以降，携帯電話やスマートフォンの普及にともない，それらの社会的影響や諸問題に取り組む研究者たちが現れ

た。ここでいうモバイル・メディアとは，当初は移動体通信，その後は
携帯電話，さらにそれを略したケータイ，スマートフォン，タブレット
端末などとその対象が推移し，カバーする範囲も広がってきた。それら
を差し当たりモバイル・メディア研究としてくくっておくことにする。

2. 論文集でふり返るモバイル・メディア論

　日本でモバイル・メディア研究に長年取り組んできた研究者に富田英
典，岡田朋之，松田美佐らがいる。これらの研究者は 1995 年に「移動
体メディア研究会」というグループをつくって共同研究を展開してき
た。さらに 2008 年からは情報通信学会にモバイルコミュニケーション
研究会という部会を設け，そこを拠点に，定期的な情報発信も重ねてい
る。富田らの学術的成果は数多いが，ここでは論文集の形を取った本に

	編・著者	タイトル	出版元	出版年
1)	富田英典・藤本憲一・岡田朋之・松田美佐・高広伯彦	『ポケベル・ケータイ主義！』	ジャストシステム	1997
2)	岡田朋之・松田美佐編	『ケータイ学入門：メディア・コミュニケーションから読み解く現代社会』	有斐閣	2002
3)	松田美佐・岡部大介・伊藤瑞子編	『ケータイのある風景：テクノロジーの日常化を考える』	北大路書房	2006
4)	岡田朋之・松田美佐編	『ケータイ社会論』	有斐閣	2012
5)	松田美佐・土橋臣吾・辻泉編	『ケータイの 2000 年代：成熟するモバイル社会』	東京大学出版会	2014
6)	富田英典編	『ポスト・モバイル社会：セカンドオフラインの時代へ』	世界思想社	2016

注目してみよう。主なものを年代順に並べると前頁のようになる。

　さて，このリストからはいくつかの興味深いことが見出せる。

　第一に，モバイル・メディア研究がいつごろ始まったかについてである。携帯電話の研究は 1990 年代から始まったとされているが，その成果が最初にまとまった形で出版されたのが，1）『ポケベル・ケータイ主義！』だった。通常，研究者がメディアについての調査を始め，その成果を論文にまとめ，本を出版するまでには数年以上かかる。1）の出版年から逆算すれば，1990 年代前半にこの領域での研究が始まったという定説と符合する。

　日本の携帯電話は独特な産業政策のもとで発達し，1990 年代から 2000 年代にかけて，世界に先駆けてさまざまなサービスが実施され，多様なハードウェアが発売された。それらを一般ユーザーが使うなかで，メーカーやテレコム会社が思いもしなかったようなケータイ文化が花開くこともあり，その状況は当時，先端的で，各国の研究者から注目を集めていた。たとえば3）『ケータイのある風景：テクノロジーの日常化を考える』は日本のケータイ文化に関する論文集だが，これはまず 2005 年に MIT 出版から英語論文集として出版され，それに加筆訂正が施され，翌年，日本語論文集として刊行されている。先に世界的なニーズがあり，それが逆輸入されたのだった。

　ちなみに『ポケベル・ケータイ主義！』は，学術論文集とは一線を画したポップなタイトルと体裁をとっており，1990 年代まで日本語ワードプロセッサの最大シェアを保っていた「一太郎」の発売元，ジャストシステムが出版している。書き手の多くは若く，携帯電話はストリートの，若者のマルチメディアであり，国家が提唱する官僚的な情報社会論などの対極にあるものだと主張していた。このことは，1990 年代に研究者が携帯電話を研究することはまだ新規であり，周縁的だったことを

32

象徴しているといえるだろう。

　第二に，タイトルの変化についてである。本のタイトルは，それぞれの時代状況を反映していたり，先取りしているものであり，編者らはもちろん出版社も念入りに検討して決めるものだ。1997年の『ポケベル・ケータイ主義！』に対して，2002年出版の2）はあえてケータイ学という新たな名称を生み出し，その入門書だと銘打っている。さらに同じ版元からちょうど10年後に出された4）では，携帯電話そのものではなく，携帯電話が根づいた社会，「ケータイ社会」の「論」というふうにタイトルが変化している。さらに6）では，携帯電話からモバイルへとメディアを指し示す用語が変わると同時に，モバイル社会以後を指し示す「ポスト・モバイル社会」が提示されているのだ。

3. タイトルが示す関心の変化

　すなわち，当初は携帯電話と漢字で記されていたものが，ケータイという若者中心の略語となり，ケータイという新規でポップな対象が，やがて一つの学問的対象として認められ，それに対する入門を誘う。そしてケータイというメディアそのものではなく，そのメディアの上で交わされるコミュニケーションやそのメディアを介して生じる社会現象へと興味関心が移る。さらにもはやケータイだけではなく，スマートフォンをはじめとするさまざまな小型高性能のデジタル機器を総合したモバイルという，より包括的な概念が出てくる。同時に，もはやモバイル社会は当たり前であり，その次の社会状況，ポスト・モバイル社会を論じようというのである。四半世紀のあいだに生じたこのタイトルの推移は，一般の人々にとってのモバイル・メディアのあり方と意味の変化と連動したものだと考えておくべきだろう。

　日本における研究と相似の状況は，国際的にも見出せる。欧米のモバイル・メディア研究は，北欧を除けば 2000 年代後半に至るまで十分に発達しておらず，富田，岡田，松田らのグループは先端を走っていた。学術出版社である Sage 出版が「Mobile Media and Communication」というジャーナルを出したのは 2013 年のことだった[3]。このジャーナルはすぐさま高い評価を得ることになった。筆者はその編集委員を務めているが，創刊後約 10 年を経た現在，さまざまなモバイル・メディアが登場したことや，モバイル・メディアそのものよりもその上で展開される SNS コミュニケーションへ関心が移ってしまったこと，さらに VR（Virtual Reality：仮想現実）や AR（Augmented Reality：拡張現実）サービスの発展，ロボットや AI の日常生活への浸透などによって，ジャーナルとしてのアイデンティティをどう保つかが，編集会議では議論されている。

　モバイル・メディア研究の展開を跡づけてきたが，先行するテレビ研究やインターネット研究についても同様の傾向が見出せる。いずれも初期には，目新しい技術としてセンセーショナルに騒がれ，それらが社会に普及するにつれて，その研究がアカデミズムの周辺領域から中心へと徐々に移動してきた。同時に，テレビやインターネットといったモノやシステム自体，すなわちメディアそのものを対象とすることから，徐々にそれらのメディアに乗ったコミュニケーション，それらを介して生じる社会現象へと，研究の照準が推移してきたのだった。

　ここまで跡づけてきたことをもとに，あらためてメディア論とは何かを二つの観点から論じておこう。第一はメディア論的想像力の存在であり，第二はその学際的で立体的なあり方についてである。

4. 現れては消えていくメディア論的想像力

　あらゆる人文社会系の学問がそうであるように，メディア論もただ大学や学会に閉じてはおらず，広く社会の人々のメディアに対する意識や反応に色濃く影響されて存在している。先に見たモバイル・メディアの変化は，携帯電話やスマートフォンの普及状況，人々にとってそれらが当たり前になっていく過程と呼応していた。テレビも同じである。1950年代から60年代初頭にテレビが社会に姿を現すと，人々はその可能性や利用方法，社会的な影響力について侃々諤々と論じたものだった。テレビの影響力が原子力のようなパワーを持つと考えたり，大宅壮一のようにそれが「一億総白痴化」を招くと論じた評論家もいた。いずれにしても新規なテレビの登場は，人々がこのメディアに視座を置いて日常生活や社会のあり方に想像をめぐらせる機会をもたらしたのであった。ところが1970年代以降，テレビの普及率が90％を超えるようになると，テレビというメディアは当たり前になってしまい，取り立てて注目はされなくなった。代わりにテレビというメディアに乗るニュース，ドラマ，歌番組といったコンテンツの方に関心が移ると同時に，それらのコンテンツが社会にいかなる影響を与えるかを実証的に調べるような研究がさかんになっていった。

　本書ではメディアそのものに，すなわちコミュニケーションやコンテンツではなく，それらを媒するモノやシステムに照準を合わせている。そのモノやシステムは，一般社会でも学問においても，それらが新規な時期にはさかんに論じられるが，やがて気にされなくなり，忘れられていくという傾向があるようだ。ここではメディアそのものに関心が払われ，そのあり方や影響についてさまざまな議論が交わされる状況を，メディア論的想像力が喚起された状態というふうにとらえておく[4]。メ

ディア論は何よりも，このメディア論的想像力が喚起された状態で展開
される。ところが一度メディアが日常化すれば，この想像力は失われて
しまう。新しいメディアが登場するたびに同じような喚起と消失が繰り
返されてきた。そのため結果としてメディア論は，歴史的にも地理的に
もあちこちに散在して見えるのである。

　学問としてメディア論が確立していくためには，メディア論的想像力
を土台としながらも，こうした喚起と消失の繰り返しのなかで一時の流
行や風潮に終始することがないように，その知識や知見を恒常的なもの
としていく必要がある。その点で，メディア史，あるいはメディア思想
史は大切な領域だ。また，社会に定着したメディアに対する固定観念を
突き崩すための試みとして，メディア・アートやメディア・リテラシー
に関わるワークショップなどの実践活動も重要になってくる。

5. メディア論を立体としてとらえる

　メディア論的想像力に基づいたメディア論は，しかし狭義のメディア
論だともいえる。というのも，テレビやスマートフォンが日常化してメ
ディア論的想像力が消失していく一方で，それらが人々の行動にどのよ
うな変化をもたらすか，社会にいかなる影響を与えるか，といった社会
学的，あるいは社会心理学的，文化人類学的な研究が生まれてきたから
だ。それらは意義のある研究であり，広義のメディア論を成り立たせて
いる必須の要素だといえる。すなわちメディア論の第二のポイントは，
それが多面的，さらにいえば立体的な性格を持つ点にある。

　アメリカのメディア思想家であるジョン・ピータースは，メディアは
メッセージ（あるいはコンテンツ），媒介手段（あるいはチャンネル），
そして送り手や受け手などそれに関わる人々（エージェント）のトライ

アングルで成り立っていると整理した。ピータースはこれら三つの要因はどのようなメディアにおいても不可欠だが，その比率や重要性は，メディアごとに異なってくると考えた。たとえばテレビにおいてはメッセージの受け手，すなわちオーディエンスに注目した研究が多いが，一方で送り手や作り手の存在も重要である。そして土台となるテレビの送受信システムや技術規格などもまた忘れてはならないのである。その上でピータースは，メディア論において中心となるのは媒介手段だととらえ，マーシャル・マクルーハン，フリードリヒ・キットラーといったメディアそのものに注目した思想家らに言及する。本書と彼のメディア理解には違いもあるが，重要なことはピータースもまた，媒介手段，すなわちモノやシステムとしてのメディアを重視していること，その上でメディアを立体的にとらえていた点にある[5]。

2021年度にそれまで日本マス・コミュニケーション学会と呼ばれていた学会が日本メディア学会へと名称を変えた。同時にこの学会では，メディアという概念を，ジャーナリズムやコミュニケーションといった関連概念を含み込んだ形でとらえると同時に，広くマスメディアからインターネットを介したデジタル・メディアまでを射程に入れるように，その規則上の文言を改訂している[6]。学会規則であるためややキメの粗い整理ではあるものの，ここでもまたメディア論は多面的，多層的な性格を帯びたものとしてとらえられていることがわかる。

6. モノやシステムへの照準

あらためていえば，本書はメディア論を立体的な性格を持った学問領域としてとらえていく。モノやシステムとしてのメディアは，コミュニケーションのためのプラットフォームやインフラストラクチャーとな

る。その上に乗る形でコミュニケーションが交わされる。そのコミュニケーションにおいては，言語表現等のメッセージ，ニュースやドラマなどといったテキスト，コンテンツが行き交うことになる。そうしたコミュニケーションには送り手と受け手，作り手と消費者がいる。モノやシステムとしてのメディアについても，それを構築し，運営する側と，利用する人々がいる。そうした立体的なメディアのあり方を多面的，多層的にとらえていくことが広義のメディア論ということになる。言い換えると，こうした立体的な理解に基づかなければ，あれもこれもなんでもメディア論になってしまい，ただ雑多な研究の群体に過ぎなくなってしまう危険性をはらんでいることに注意を払わなければならない。

　そうした前提に立った上で，本書はメディアそのものに視座を置く，狭義のメディア論を志向している。繰り返しいえばメディアに乗ったコミュニケーションとそこで交わされるテキストやコンテンツの文化論的分析，オーディエンスやユーザーの行動調査などは重要である。しかしそれらは文化論，記号論，コミュニケーション論，社会学などといった他の領域がメディアやコミュニケーションに関しておこなう研究であり，メディアそのものに照準する，メディア論固有の領域とはいえない。それらの重要性を認めながらも，ともすれば消失しがちなメディア論的想像力に裏打ちされた媒体をめぐる知としての狭義のメディア論の意義を，ここでは重視したい。

　なぜ狭義のメディア論にこだわるのか。最後にその理由を2点あげておこう。

7. 知のデジタル・シフト

　第一に，インターネットをはじめとするデジタル・ネットワークが地

38

球を覆いつくし，あらゆるモノがインターネットで接続され，操作可能
になる IoT（Internet of Things：モノのインターネット）化が進むと
同時に，AI が膨大なデジタル情報をもとに機械学習を重ねて発達する
ことが可能になった現在，メディア論は根本的な変革を迫られているた
めである。

19 世紀後半以降，新聞やラジオなどが登場した際，当時の思想家や
研究者，ジャーナリストらはそれらのマスメディアが社会に与える影響
を憂慮するようになった。やがてマス・コミュニケーション論として発
達したその領域は，単体のマスメディアが人間や社会に向けてまき散ら
すテキストやコンテンツの影響や効果を実証的に調査する学問として発
達した。

ところが現在では，個別のマスメディアを根底で支えるメディア・イ
ンフラストラクチャー（メディア・インフラ）としてのデジタル情報技
術のネットワーク化が進行している。それは新聞や放送などといったマ
スメディアを，Amazon や楽天といった e コマース，LINE，Twitter，
Facebook などの SNS と同じメディア・インフラの上に位置づけること
になった。さらにこのインフラは，IoT 化された家電や自動車など，あ
らゆるモノやシステムと相互接続可能な状態にある。こうしたなかで，
マスメディア中心のメディア認識は決定的に有効性を失いつつある。長
谷川一は，新聞論，放送論，広告論，出版論といった個別のマスメディ
ア業界ごとのマスメディア論の限界を「個別メディア産業別縦割り主
義」として批判した[7]。長谷川の批判は，メディア論の理論的検討を
するなかでおこなわれたものだったが，現実状況は，そうしたアカデ
ミックな議論を超えた次元で，皮肉な形で長谷川の批判が有効であるこ
とを明らかにしつつある。

1960 年代，マクルーハンはあらゆるものごとはメディアであると語

り，それは欧米や日本でセンセーショナルな話題を呼んだ[8]。しかしマス・コミュニケーション研究者は，それをいかがわしい議論として取り合わなかった。今日，マクルーハンの警句は現実のものになりつつあり，石田英敬はこの問題状況を「知のデジタル・シフト」と呼んだ[9]。私たちはメディア論をデジタル・シフトに対応できる知として組み直していく必要がある。その際に重要なのは，モノやシステムとしてのメディアの次元，メディア・インフラの次元への着目することであろう。

8. ポスト新型コロナ禍の世界

　以上と深く関連するが，第二に，2020年に勃発した新型コロナ禍が世界に与えたインパクトは，極めてメディア論的なものだったということができる。あらゆるものがメディア・インフラに媒介されるようになるという言い回しは，決して新しいものではなく，少なくとも2000年代以降，繰り返されてきたものだった。しかしアメリカや韓国などに比べてデジタル化の進展が遅かった日本では，従来どおりの地上波放送と紙の新聞が権力を持つマスメディア業界の秩序や，紙の書類やファックス，印鑑などを使った官僚的な情報システムが大きく変化することなく存続していた。ちなみにそのことは，終身雇用制，東京一極集中，男性中心，日本人中心の社会観などといった旧来の社会システムや文化規範と深く結びついていたといえる。

　ところが新型コロナ禍とそれにともなう緊急事態宣言の発令，「三密（密閉，密集，密接）」の回避やリモートワーク，オンライン教育の推奨は，いわば壮大な社会実験の場となり，結果として人々のデジタル・シフトが進むことになった。本稿執筆時（2021年後半），ワクチン接種が進みつつあるものの，通勤ラッシュでもみくちゃにされながら都心のオ

フィスに通い，同僚と三密状態で長時間労働をし，退社後は狭い居酒屋で口角泡を飛ばすといった働き方，暮らし方は根本的に見直されつつある。大学も同様である。数百名が教室に集まり，豆粒のような講師の顔を眺め，読みにくい文字の板書をノートに書き取ることや，試験の際に友達のノートや配付資料をかき集めて一夜漬けで対応するといった2010 年代まで当たり前だった風景は，オンライン教育の導入で大きく変化した。こうした変化は，新型コロナ禍が一定程度収まっても後戻りはしないであろう。

　そうした状況下で，あらゆるものがメディア・インフラを土台とすることが現実となった。そこではインフラにアクセスできるかできないかによる情報格差，経済格差，SNS を介したコミュニケーションがもたらす社会の分断，GAFA（Google, Amazon, Facebook, Apple）やBATH（Baidu，アリババ，テンセント，HUAWEI）などのビックテックと呼ばれる巨大 IT 産業による独占集中化，AI がジェンダーや人種の差別意識を増幅させてしまう危険性など，さまざまな問題が生じている。それらに向き合う諸学問は，すべてなんらかの形でメディア論を含み込まなければ成り立たない状況に置かれているといってよい。すなわち新型コロナ禍以降の世界においてメディア論は，社会学や社会心理学の一部などではなく，21 世紀を生きる人々にとって広く共有されるべき哲学，思想として位置づけられるべきなのである。そしてその根本にあるのが，狭義のメディア論だといってよい。

9. 時間軸と空間軸

　ここまでメディア論の新たなあり方を素描してきた。こうした観点に立ちつつ，本書ではメディアをめぐる諸問題を，時間軸と空間軸の交差

点に位置づけながらとらえていく。ものごとを時間と空間でとらえると
は，すなわち歴史と地理の二つのアプローチで論じていくことを意味す
る。これは一見素朴にすぎる枠組みに見えるが，変化の激しいメディア
現象をとらえる上ではかえって有効だと，筆者らは考えている。すなわ
ち ICT（情報通信技術）が日進月歩で変化し，メディアはどんどん変
わっていくのだというとらえかただけでは足らないのである。いい方を
換えれば，最新メディアはこんなにすばらしい可能性を持っているなど
と喧伝するような議論だけでは，メディア論とは呼べない。そこにはメ
ディアを長い時間軸のなかに位置づけて，その情勢を分析的にとらえる
意識が欠けているからである。同時に，日本でのメディア現象だけに関
心を持つのではなく，たとえば Facebook の利用行動が日本とアメリ
カ，タイ，デンマークでどのように違うのかを比較検討するようなアプ
ローチが必須となる。ちなみに中国では公式には Facebook をはじめと
するアメリカ発の SNS 等は使えず，中国独自のウェイボー（Weibo）
やウィチャット（WeChat）といったサービスが存在している。そうし
た国や地域の違いに，いわば地理学的に関心を持つことも重要となって
くる。

　第3章から第12章までの内容は，こうした観点から，いずれも時間
軸と空間軸を意識した内容となっている。

注

(1)　水越（2018）を参照。
(2)　ドブレ（1999）を参照。
(3)　Mobile Media and Communication 誌はオンラインジャーナルとして閲読可能
　　である。
(4)　水越（1999）を参照。

(5) Peters（2010）。ドブレの提唱した「メディオロジー」もあらためて検討され
　　るべきだろう。ドブレ（1999）を参照。
(6) 日本メディア学会ウェブサイトで学会規則を読むことができる。
(7) 長谷川（2011）を参照。
(8) マクルーハン（2003），マクルーハン（1987）などを参照。
(9) 石田（2006）を参照。

参考文献・情報

石田英敬編『知のデジタル・シフト：誰が知を支配するのか？』弘文堂，2006 年
R・ドブレ／西垣通監修・嶋崎正樹訳『メディオロジー宣言』NTT 出版，1999 年
　　（原著 1994 年）
長谷川一「メディアとしての……：暗黙知，枠組み，コンテクスト・マーカー」
　　『マス・コミュニケーション研究』78 号，学文社，2011 年
M・マクルーハン／栗原裕・河本仲聖訳『メディア論：人間の拡張の諸相』みすず
　　書房，1987 年（原著 1964 年）
M・マクルーハン，E・カーペンター／大前正臣・後藤和彦訳『マクルーハン理
　　論：電子メディアの可能性』平凡社，2003 年（原著 1960 年）
水越伸『デジタル・メディア社会』岩波書店，1999 年
水越伸「メディアと社会」『現代用語の基礎知識 2019 年版』自由国民社，2018 年

J. D. Peters, "Mass Media" in W. J. T. Mitchell & Mark B. N. Hansen ed. *Critical
　　Terms for Media Studies.* Chicago & London：The University of Chicago Press,
　　2010, No. 3855-4053 （Kindle version）.

Mobile Media and Communication（Sage publication）
　　https://journals.sagepub.com/home/mmc
日本メディア学会　http://www.jams.media/

学習課題

古い学会誌の目次を眺めてみる

　日本メディア学会という学会があります。1951 年に日本新聞学会として創設され，1992 年に日本マス・コミュニケーション学会，さらに2021 年度に日本メディア学会と改称しました。この学会はメディア，ジャーナリズム，コミュニケーションを中心とする社会科学的な研究に取り組む研究者やメディアの実務者ら，約 1100 名（2021 年時点）によって構成されています。設立以来学会誌を出版しており，創刊号からの目次をすべて，誰もがウェブサイトで見ることができます（さらに論文自体も読むことができます）。

　たとえば1951 年，61 年，71 年と 10 年おきに目次を調べてみてください。それぞれの時代の研究者たちが，メディアとコミュニケーションに関して何を新しい現象としてとらえ，いかなる問題に取り組んでいたかを知ることができます。文字どおり，温故知新が大切だとわかるはずです。

●日本メディア学会学会誌既刊号一覧

　https://www.jmscom.org/back-issues/（※ URL は 2022 年 1 月変更予定）

3 | メディアを歴史的にとらえる

飯田　豊

《**目標＆ポイント**》　この授業の一つの柱である，時間軸に沿ったメディア理解について，その基本的な考え方を紹介する。混沌としたデジタル・メディア社会の行方を見通す上で，〈理論〉と〈現実〉，〈過去〉と〈現在〉を往復する歴史的想像力の重要性を説明する。
《**キーワード**》　メディア史，再メディア化，メディア考古学

1. 1995 年——「インターネット元年」という神話

　新しいメディアやテクノロジーに関する報道に注目すると，「VR 元年」「AI 元年」「DX 元年」「メタバース元年」など，「〇〇元年」という惹句を繰り返し目にする。とはいえ，関連業界の希望的観測に基づく煽り気味の報道が多く，後年からふり返ってみると，歴史に残る画期とは言い難いことのほうが多い。

　日本では 1995 年 11 月に Windows95 が発売され，「インターネット元年」と喧伝された。「〇〇元年」という惹句の先駆といえよう。この年は 1 月 17 日に阪神・淡路大震災，3 月 20 日に地下鉄サリン事件が発生していて，日本社会の転換点としてふり返られることが多い年である。

（1）インターネットの歴史
　もっとも，インターネットが 1995 年に突然，社会に現れたというわ

けではない。技術史の観点から見れば，1960年代にアメリカ国防総省が主導して開発に着手し，スタンフォード研究所，カリフォルニア大学ロサンゼルス校とサンタバーバラ校，ユタ大学を専用回線で結んだARPANET（Advanced Research Projects Agency Network）というパケット通信網が，インターネットの起源といわれる[1]。ARPANETはTCP/IPという通信方式を導入し，これがインターネットの世界標準となっている。

　それに対して，日本におけるインターネットの起源とされるのは，計算機科学者の村井純が1984年に開設したJUNETである。慶應義塾大学，東京大学，東京工業大学などが太い回線でつながり，主として各大学の研究者が利用していた。JUNETは1991年まで続き，その後，誰でも契約できる民間のインターネットサービスプロバイダが相次いで登場した。

　したがって，インターネットが普及し始めた当初は，大学のサーバを用いて「個人サイト」を開設している人たちが多かった。その先駆を担ったのは，理工系の大学院生たちである。日本語表示が可能なブラウザが登場した1993年頃は，プロバイダ利用料金は月額10万円以上で，とても趣味で利用できるものではなかった。唯一の例外が大学だったのである。

　1994年には格安のプロバイダが登場したが，1990年代はまだ，電話回線網を利用したダイアルアップ接続が主流で，インターネット利用に必要な電話料金が極めて高額だった。もっとも，NTTが1995年，深夜23時から翌朝8時のあいだに限って，特定の電話番号と月極定額で接続できる「テレホーダイ」というサービスを開始したことで，多くの若者たちが1990年代後半，深夜に限ってネットを活用できるようになった。

　こうしてみると，1995 年がとくに重要な年であったことは間違いなさそうだが，決定的な転機であったとまではいえない。しかも，インターネットの世帯普及率が50％を超え，急速に普及するのは 2000 年代に入ってからのことであり，1990 年代の日本社会のなかで，その影響はまだ限定的だったのである⁽²⁾。

（2）インターネットとは異なるネットワークの歴史

　その一方，インターネットの民間利用に先立って，1980 年代の日本社会には，それとは異なるネットワークサービスも姿を現していた。二つの例を紹介したい。

　その一つは，いわゆる「ニューメディア」の一大ブームであり，1980年代にはすでに，高度情報通信システムの導入による在宅勤務やサテライトオフィスの可能性が喧伝されていた。また，多数の大企業が，日本電信電話公社（のちの NTT）が開発した「キャプテンシステム（Character And Pattern Telephone Access Information Network System）」というコンピュータネットワークに参入し，「ホームショッピング」や「データバンク」などの実用化を目指した（2002 年にサービス終了）。しかし，個人契約に基づく利用は費用の負担が膨大で，PCやインターネットの普及とともに存在感を失い，こうした試みはいずれも不調に終わった。

　日本では 2020 年以降，新型コロナウイルスの感染拡大によって，多くの店舗が休業や時短営業を要請され，外出自粛による巣ごもり需要によって，ネット通販や動画配信サービスの利用世帯が急増した。また，在宅勤務やテレワークが短期間でそれなりに定着したのも，コロナ禍という未曾有の危機がきっかけだったが，こうした変化の兆しは 1980 年代に見られていたのである。

　もう一つ，かつて定着していたオンライン・コミュニケーションの手段として，「パソコン通信」があげられる。特定のサーバに会員のみが接続してデータ通信をおこなうサービスで，1980年代後半から90年代にかけて広く普及した（2006年までに全社のサービスが終了）。共通の趣味を持った人々がオンラインで交流していたのだが，当時はまだ常時接続ではなく，高額な電話料金が必要だった。したがって，経済的に余裕のある男性会社員が利用者の多くを占め，女性は1割にも満たなかった。

　以上のように，現在のインターネットのあり方を前提として，その起源までさかのぼる場合と，現存していないネットワークサービスにも目配りし，インターネットと比較する場合とでは，まったく異なる歴史が浮かび上がってくる。

2. メディア史に学ぶ

　それに加えて，一口にインターネットといっても，1990年代と2020年代では，その様相はまったく異なっている。検索エンジンが未熟で，SNSが存在していなかった1990年代のインターネットは，今では想像しにくいかもしれない。

　とはいえ，そもそも1990年代にはまだ，インターネットという新しい技術がいったいどのようなものなのか，人々のあいだで認識が一致していなかった。たとえば，キャプテンシステムやパソコン通信を使ったことがある人であれば，インターネットは当初，これらと似たようなものとして認識できたかもしれない。

　私たちは新しいメディアの「新しさ」を認識したり，説明したりする際，相対的に古いメディアとのアナロジー（類比）を手がかりにするし

かない。たとえば，テレビがまだ新しいメディアだった頃，多くの人々はこれを「絵の出るラジオ」と考えた。また，スマートフォンは今でも「ケータイ（携帯電話）」と呼ばれるし，Zoom や Skype が「テレビ電話」と呼ばれることもある。

（1）「雑誌」や「日記」を手本にした個人サイト

1990 年代半ば，多くの個人サイトは，雑誌を手本とするような新しい読み物を志向していた。日本における雑誌の国内総売上は 1990 年代後半がピークで，雑誌というメディアがまだ，さまざまな文化を牽引していた時代だったからである。

それに対して，2000 年前後になると，個人サイトは，読者同士が反応しあうコミュニケーションのための場所に変容していく。今ではすっかり死語になってしまったが，ブログや SNS が普及する以前は，「ウェブ日記」という言葉が広く使われていた。日々の生活のなかで特筆すべき出来事がなくても，誰でも手軽に毎日サイトを更新することができるのが，日記というフォーマットだった。それは無論，従来の日記（や交換日記）とは，大きく性格が異なるものだった。のちのブログのように読者が直接コメントを書き込むことはできなかったので，多くの利用者は別途，BBS（電子掲示板）やチャットのページを併設することで，読者とのコミュニケーションを楽しんでいた。

このように見てくると，インターネットという新しい技術の可能性を追求する上で，相対的に古いメディアである「雑誌」や「日記」という形式が踏襲されてきたことがわかる。裏を返せば，インターネットの普及にともなって，「雑誌」や「日記」といったメディアのあり方自体が，根本的に変容してきたという面もある。

(2)「テレビ」を手本にしたネット動画

　そして 2005 年頃になると「Web2.0」という言葉が一世を風靡した。「ソーシャルメディア」という言葉が使われ始めるようになったのも，ほとんど同じ時期である。これは実に曖昧で，厄介な概念である。すでに第１章で述べているとおり，そもそもコミュニティや社会との関わりなくしてメディアは成立せず，ソーシャルでないメディアなど存在しないからである。ただし一般的には，マスメディアのように送り手と受け手が区別されておらず，誰でも知識や情報を発信し，表現を生産できるウェブサービス全般のことを指す。

　YouTube などの動画共有サイトもその一つで，そのなかで成熟を遂げたネット動画の文化は，「テレビ」の後裔といっても過言ではない。たとえば，1990 年代のバラエティ番組では，画面上の出来事にテロップでツッコミを入れる演出が流行した[3]。これはテロップを多用するYouTuber の動画術に強い影響を与えていて，現在のネット動画のなかには，いわゆる「テレビ芸」が溢れかえっている。長年テレビによって培われてきた番組文化や放送文化は，そのあり方を変えながらも，多くの部分がインターネットに受け継がれている。

　これも裏を返せば，ネット動画の普及にともなって，そもそも「テレビ」とは何かがわからなくなっているということでもある。インターネットに媒介された映像配信事業や動画共有サイトは，「インターネットテレビ」や「インターネット放送」と総称されている。そもそもYouTube の Tube とは，ブラウン管（Cathode Ray Tube：CRT）の略称であり，テレビを意味する隠喩であった。

　テレビというメディアは従来，「番組（program）」「放送（broadcast）」，そして「受像機（set）」といった要素が渾然一体となって結びついたものだったが，いわゆる「テレビ離れ」という事態は，この結び

つきに必然性がなくなったことを物語っている。パソコンやスマートフォンで無数のネット動画に接するようになった結果，人々の生活リズムと連動した番組を提供するテレビの存在を，私たちが意識する局面は少なくなった。このような状況のなかで，テレビとは何かということを正しく説明したり，ましてやその特性を分析したりすることは，容易なことではなくなってしまった。

（3）メディアを地層としてとらえる

1990 年代は，1980 年代までに爛熟したマスメディア社会が，21 世紀に成熟するデジタル・メディア社会に遷移していく過渡期であった。モバイル・メディア（ポケットベル，PHS，そして携帯電話）の普及が進み，家庭用ゲーム機の技術競争も激しかった。世界中の人々がインターネットに関心を向けるなかで，一度は忘れられかけていたマーシャル・マクルーハンの再評価も進んだ。

マクルーハンは，人間はまったく新しい状況に直面すると，一番近い過去の事物や様式にしがみつくものだと言った。私たちはバックミラーごしに現在を見て，未来に向かって後ろ向きに進んでいる[4]。マクルーハンが活躍した 1960 年代，成長期を迎えていたテレビが，演劇や映画の世界から多くのことを学んでいたように，新しい技術のなかには必ず，古いメディアの特性が組み込まれていく。

マクルーハンと同じ頃，社会学者の加藤秀俊は『見世物からテレビへ』のなかで，見世物をはじめ，影絵や写し絵，パノラマや絵葉書，紙芝居や活弁といった視聴覚文化の伝統が，放送文化に継承されていることを多角的に論じた。「わたしは，日本の映像芸術を，映画にはじまりテレビに発展したという単純な文脈で考える通説に反対する。われわれの映像史は，もうちょっと長く，かつ複雑なのだ」[5]。

　そうだとすれば，私たちが今，デジタル・メディアの「新しさ」を深く追究しようと思えば，古いメディアの特性が新しい技術のなかに組み込まれていく「再メディア化（remediation）」[6]の過程に目を向けなければならない。

　古いメディアと新しいメディアの関係は，地層の積み重なりにたとえることができる。もっとも，地表に立っている私たちは足元，つまり新しいメディアの特性ばかりに関心を向けてしまいがちで，古いメディアとのあいだにどのような影響関係があり，また，古いメディアの特性がどのように変容しているのかを見落としてしまいかねない。たとえば，ラジオやテレビは長年にわたって新聞の番組欄に強く依存してきたし，映画を観るという経験は，映画館が発行する印刷物（プログラム）を読むという行為と不可分に結びついていた[7]。すでに見たように，インターネットのあり方もまた，文字や活字の文化に強く枠づけられているし，その反面，デジタル・メディアの普及にともなって，新聞や雑誌などの古いメディアをはじめ，文字文化のあり方自体が大きく変容している。そのため，メディア史の視点を抜きにして，メディア論は成り立たないといえる[8]。

3. 1895 年──電気メディアをめぐる技術革新

（1）三つの「発明」

　それでは次に，1995 年からさらに 100 年，時代をさかのぼってみよう。第 4 章から第 5 章では，19 世紀におけるテレコミュニケーションの発展に焦点を絞るが，1895 年はメディア史上，世界各地で同時多発的に革新的な出来事が起こったように見える年である。

　第一に，イタリアのグリエルモ・マルコーニが弱冠 21 歳にして，無

線電信の長距離実験に成功した。それからわずか5年で，船舶と陸地の
あいだで電報のやりとりが可能になった。この頃にはすでに，大衆的な
新聞の発展などと相まって，有線電信は世界的に拡大していたが（→第
4章），ケーブルの敷設と維持に莫大な資金を要していた。したがって，
無線電信が産業的に成功することを確信していたマルコーニの会社は，
第一次世界大戦の頃には，船舶無線や軍事無線などの分野で覇権を握っ
ていった。

　第二に，アメリカで円盤型蓄音機「グラモフォン」の製造と販売が始
まった。これに先立ってトーマス・エジソンは，円筒のへこみを針がな
ぞることで音が復元される「フォノグラフ」を開発していた。ドイツ出
身のエミール・ベルリナーが発明したグラモフォンは，円筒が円盤に変
わったことで耐久性が格段に高まり，容易に複製できるようになった。これがレコードプレーヤーの原型となり，20世紀初頭にはベルリナーの会社を母体として，レコード会社が相次いで誕生した。アメリカの音楽賞「グラミー賞」は，グラモフォンに由来する。

**図 3-1　キネトスコープと
　　　フォノグラフを組み
　　　合わせた「キネト
　　　フォン」**
（https://commons.wikimedia.
org/wiki/File:Kinetophonebis
1.jpg）

　第三に，映画の発明である。フランスで1895年12月28日，「シネマトグラフ（cinématographe）」を発明したリュミエール兄弟が，これをパリで初公開した。翌年1月に公開された「ラ・シオタ駅への列車の到着」を観た観客が，近づいてくる列車の動きに驚愕し，叫びながら逃げ出したという俗説が広く知られているが，真偽

は定かでない。また，リュミエール兄弟に先立って，アメリカでは1894年，エジソンが「キネトスコープ（Kinetoscope）」を商品化している（図3-1）。これは覗き窓式の装置で，くしゃみをする人，パイを食べる人など，コメディー風の短い映画が制作された。ブロードウェイには同年，この装置を10台設置した「キネトスコープ・パーラー」が開業し，投入口にコインを入れると映画が再生された。エジソン自身は当初，大衆娯楽的な興行物というよりも，蓄音機と同様，ブルジョア家庭での利用を目指していたが，数年後には投射式の映写機を公開し，草創期のアメリカ映画産業を支配していく。

（2）聴覚と視覚の機械化

　こうして並べてみると，1895年は，激動の1年であったように思えてくる。もっとも，1995年の場合と同様，これは一面的な見方である。「○○の発明」「○○の発売」といった出来事は，年表ではたった1行で片付けられてしまうが，それは長年にわたる技術革新や社会変容の表層を示しているに過ぎない。

　たとえば，蓄音機の開発には，人間の聴覚に対する探究が不可欠だった。アメリカでは1876年，アレクサンダー・グラハム・ベルが電話の実用特許を取得する。ベルリナーは当時，ベルの研究所で電話機の改良に取り組んでいた。19世紀を通じ

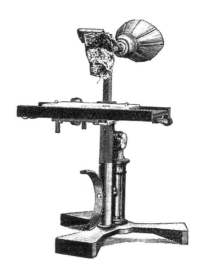

図3-2　イヤー・フォノトグラフ
（出典：スターン〈2015〉）

て，音という物理現象の仕組みが解明され，聴覚の鼓膜的機能に対する理解が深まったことが，電話の発明に結実したわけである[9]。

　ベルは電話の発明に先立って，人間の鼓膜が音の振動を最も正確にとらえることができるに違いないと考え，人間の死体から中耳を切り取って装置に取りつけた「イヤー・フォノトグラフ」を開発していた（図3-2）。このような試行錯誤が，蓄音機やレコードといった録音技術の発展にもつながっていったのである。

　人間の耳が音をとらえるメカニズムを分析することで，音響技術が「聴覚の機械化」を目指していたとすれば，映画の発明は「視覚の機械化」だった。

　イギリスに生まれ，アメリカで活躍した写真家エドワード・マイブリッジが，1870年代，写真の連続撮影に成功する（図3-3）。1880年代にはロールフィルムを用いた連続写真の撮影装置も開発され，映画の発明につながる足がかりとなった。

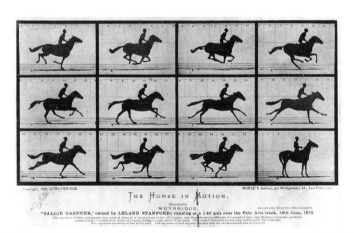

図 3-3　マイブリッジの連続写真（1878年）
(https://commons.wikimedia.org/wiki/File:The_Horse_in_Motion.jpg)

　ところで，今ではピンホールカメラという名称で知られる，「カメラ・オブスキュラ」という光学的な実験装置がある。小さな穴を通して暗い部屋に光が差し込み，内壁に外の景色が映し出されるものである（図3-4）。これを使ってレオナルド・ダ・ヴィンチが写生に取り組むなど，15世紀には画家たちが絵を正確に描くために利用し，哲学者たちが世界を客観的に認識するための道具でもあった。それに対して，19世紀前半には「ソーマトロープ」「フェナキスティスコープ」「ゾートロープ」など，視覚の残像現象を利用した装置が相次いで考案された。

残像という生理現象は主観的にしか経験できないものであり，人間の知覚に関する理解は大きな見直しを余儀なくされる[10]。フェナキスティスコープには，一定数の隙間（スリット）を開けた円板の外周に沿って，連続的に形が変化していく挿絵が描かれている。鏡に向かって回転させ，隙間ごしに鏡に映った像をのぞきこめば，まるで連続的に動いているように錯覚する（図3-5）。連続写真と組み合わせれば，映画の発明まではあと少しである。

　このように映画の発明は，19世紀における光学装置の開発と視覚理論の構築が相互に影響し

図3-4　17世紀のカメラ・オブスキュラ
（https://commons.wikimedia.org/wiki/File:
Camera_obscura2.jpg）

図3-5　フェナキスティスコープ
（出典：クレーリー〈2005〉）

合い，世紀末にようやく実現した。エジソンやリュミエール兄弟の発明はその集大成であった。

　したがって，たまたま同じ時期に世に出たように見える３つのメディアも，それぞれの成り立ちを掘り下げることによって，先行するメディアとの影響関係に気づき，今では忘れ去られた着想やそれに基づいて製作された装置などを再発見できる。

4. メディア論的想像力の系譜

　アメリカのメディア研究者キャロリン・マーヴィンは，19世紀末のアメリカ社会のなかで，電気雑誌の誌面や電気技術のスペクタクル的な展示を通じて，「エレクトリシャン」と呼ばれた人々が次第に専門性を獲得していった過程を明らかにしている。それは「誰が技術的な知の内側におり，誰が外側にいるのか，誰が語ることを許され，誰が許されないのか，誰が技術に対して権威を保持し，信用されていくのか」といった争点をめぐる抗争の舞台だった[11]。こうして専門家と非専門家が「線引き」されていったことを詳しく示したマーヴィンは，多くのメディア史が，機器の普及に先立つ出来事を軽視してきたことを批判している。

　日本では2010年代以降，「メディア考古学（media archaeology）」を標榜するメディア史研究が相次いで登場している[12]。メディアの系譜をたどるのみならず，歴史の地層に打ち棄てられたものごとに細心の注意を払うという意味で，「考古学」というのはアナロジーに過ぎない。多くの研究に共通する問題意識として，新しいメディアをめぐる言説が，その技術的な特異性や社会的な画期性を強調するあまり，歴史を無視してしまっていることへの批判があげられる[13]。

　「歴史は同じようには繰り返さないが，しばしば韻を踏む」という言葉がある。アメリカの小説家マーク・トウェインの言葉とされるが，由来は定かでない。この言葉どおり，ひとたびメディア技術の歴史をたどってみると，「アマチュア」や「ファン」，「マニア」や「ハッカー」などと呼ばれる人々が，メディア論的想像力を繰り返し発揮し，しばしば送り手と受け手，開発者と利用者のあいだを仲立ちしてきたことがわかる。また，利用者による批判的な実践が，メディアの発展の仕方を緩やかに方向づけてきた事例もある。メディアの歴史に関わる当事者の裾野は，極めて広いのである[14]。具体的には第 6 章から第 7 章で，事例をあげながら説明することにしたい。

注

(1)　喜多（2003），（2005）などを参照。

(2)　飯田（2018）を参照。

(3)　高野（2018）を参照。

(4)　マクルーハン・フィオーレ（2015）を参照。

(5)　加藤（1965：36）を参照。

(6)　Bolter and Grusin（2000）などを参照。

(7)　近藤（2020）を参照。

(8)　佐藤（2018）を参照。

(9)　スターン（2015），谷口・中川・福田（2015）などを参照。

(10)　クレーリー（2005）を参照。

(11)　マーヴィン（2003）を参照。

(12)　赤上（2013），大久保（2015），早稲田大学坪内博士記念演劇博物館編（2015），飯田（2016）などを参照。

(13)　メディア考古学を精力的に展開するエルキ・フータモによれば，たとえば，前例のない技術であるかのように喧伝される VR（Virtual Reality）が強調する「完全な没入」は，人類の歴史を通して何度も繰り返されてきた定型句である。

フータモは，さまざまなメディアの正統的な物語の陰に隠され，無視されてきた
側面を掘り下げ，「敗者」に見えるものごとの文化的な文脈を知ることの方が，
トーマス・エジソンからスティーヴ・ジョブズまで，世に知られた「勝者」の歴
史よりも重要であるという。フータモ（2015），大久保（2021）を参照。
(14) 飯田編著（2017）などを参照。

参考文献

赤上裕幸『ポスト活字の考古学：「活映」のメディア史 1911-1958』柏書房，2013
　年

飯田豊『テレビが見世物だったころ：初期テレビジョンの考古学』青弓社，2016
　年

飯田豊編著『メディア技術史：デジタル社会の系譜と行方［改訂版］』北樹出版，
　2017 年

飯田豊「インターネット：大学生文化としての Web1.0」高野光平・加島卓・飯田
　豊編著『現代文化への社会学：90 年代と「いま」を比較する』北樹出版，2018
　年

大久保遼『映像のアルケオロジー：視覚理論・光学メディア・映像文化』青弓社，
　2015 年

大久保遼「メディア考古学：ポストメディア理論のための三つのプログラム」伊藤
　守編著『ポストメディア・セオリーズ：メディア研究の新展開』ミネルヴァ書
　房，2021 年

加藤秀俊『見世物からテレビへ』岩波新書，1965 年

喜多千草『インターネットの思想史』青土社，2003 年

喜多千草『起源のインターネット』青土社，2005 年

ジョナサン・クレーリー／遠藤知巳訳『観察者の系譜：視覚空間の変容とモダニ
　ティ』以文社，2005 年（原著 1990 年）

高野光平「テレビと動画：ネットがテレビを乗り越えるまで」高野光平・加島卓・
　飯田豊編著『現代文化への社会学：90 年代と「いま」を比較する』北樹出版，
　2018 年

近藤和都『映画館と観客のメディア論：戦時期日本の「映画を読む／書く」という経験』青弓社，2020 年

佐藤卓己『現代メディア史 新版』岩波書店，2018 年

ジョナサン・スターン／中川克志・金子智太郎・谷口文和訳『聞こえくる過去：音響再生産の文化的起源』インスクリプト，2015 年（原著 2003 年）

谷口文和・中川克志・福田裕大『音響メディア史』ナカニシヤ出版，2015 年

エルキ・フータモ／太田純貴編訳『メディア考古学：過去・現在・未来の対話のために』NTT 出版，2015 年

キャロリン・マーヴィン／吉見俊哉・水越伸・伊藤昌亮訳『古いメディアが新しかった時：19 世紀末社会と電気テクノロジー』新曜社，2003 年（原著 1988 年）

マーシャル・マクルーハン，クエンティン・フィオーレ／門林岳史訳『メディアはマッサージである：影響の目録』河出文庫，2015 年（原著 1967 年）

早稲田大学坪内博士記念演劇博物館編『幻燈スライドの博物誌：プロジェクション・メディアの考古学』青弓社，2015 年

Jay David Bolter and Richard Grusin, *Remediation：Understanding New Media*, MIT Press, 2000.

学習課題

初期映画（early cinema）について想像してみよう

　1902 年，フランスのマジシャンで劇場経営者のジョルジュ・メリエスが，映画「月世界旅行」を発表しています。原案はジュール・ヴェルヌ『月世界旅行』（1865 年）とハーバート・ジョージ・ウェルズ『月世界最初の人間』（1901 年）で，トリック撮影を駆使した映画です。今ではパブリック・ドメインですので，YouTube 等で探してみてください。

　映画は当初，電気を使った見世物，あるいはサーカスなどと並んで，露天興行によって上映されていました。アメリカでは 1910 年代，ハリ

ウッドに制作会社が集まって，1910～20年代に本格的な物語映画が確立していきますが，それ以前の映画は，「アトラクション」や「スペクタクル」として人々に楽しまれていました。

　マーティン・スコセッシ監督が手掛けた3D映画「ヒューゴの不思議な発明（*Hugo*）」（2011年）は，メリエスの生涯に光を当てた作品で，当時のシネマトグラフの制作や上映の雰囲気がいきいきと描写されています。現在の映画とどのように異なっているか，ぜひ想像してみてください。

4 | メディア史に学ぶ（1）

飯田　豊

《**目標＆ポイント**》　19世紀はテレコミュニケーション（telecommunication）が飛躍的に発達した時代だった。本章では，19世紀における交通の発展と相まって，通信メディアが人間の身体をいかに拡張し，時間や空間の感覚にいかなる変容をもたらしたのか，その歴史を概観する。
《**キーワード**》　通信／交通，電信／鉄道，時間／空間，新聞の大衆化

....

　前章で見たとおり，ラジオやテレビの社会化に先立って，電信や電話，蓄音機やレコード，写真や映画などが相次いで登場した19世紀は，メディア史のなかで重要な時期である。そこで本章では，第1章でも論じたとおり，互いに深い関わりのある電信（通信）と鉄道（交通）の関係に焦点を絞り，19世紀における人間の身体，時間や空間の感覚にどのような変化が生じたのかを，よりくわしくふり返ってみたい。

1. 電信と鉄道──時間と空間の抹殺

　18世紀末，フランスのクロード・シャップが腕木式信号機を発明し，のろしや手旗信号の代わりに，二つの腕木を動作させることで，遠方に複雑なメッセージを伝達する方法を考案した（図4-1）。19世紀に電信が発明されるまでは，これが telegraph と呼ばれていた。フランス革命のただなか，10 km ないし 30 km ごとに信号所が設けられ，4000 km

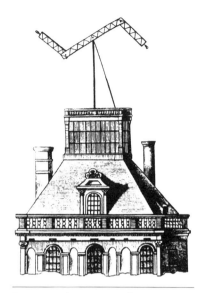

図4-1　パリのルーブル宮殿に設
　　　置されていた腕木式信号機
(https://commons.wikimedia.org/
wiki/File:Chappe_telegraf.jpg)

を超えるネットワークが形成されて
いたが，時刻や天候に左右されると
いう難点があった[1]。

　しかし1838年，アメリカの画家
で，大学で美術史の教授を務めてい
たサミュエル・モールスによって，
電信機およびモールス符号が公開さ
れ，この限界が克服されることにな
る。1844年からわずか8年のあいだ
に，アメリカ国内で約3万7000 km
のネットワークが形成された。1866
年には大西洋横断海底ケーブルが敷
設されて，グローバルな通信ネット
ワークが形成される足がかりとなっ
た。

　19世紀における電信網の普及を後
押ししたのは，鉄道網の統合や拡大だった。鉄道の各区間に電信機が配
備され，区間内に他の列車が走っているか否かを表す信号を機関士に伝
える。1872年に描かれた「アメリカの進歩（American Progress）」と
いう絵画には，大陸横断鉄道を先導するかのように，電信線を携えた女
神の姿が描かれていて，移民による西部開拓と相まって，近代社会の
技 術 基 盤 がつくられていく過程が示されている（口絵1）。ドイツの
ヴォルフガング・シヴェルブシュが著した『鉄道旅行の歴史』にも，鉄
道と電信の分かちがたさを示す図像がいくつも紹介されている。鉄道を
生命体にたとえると電信は神経系統であり，車窓に沿って飛び去ってい
く電柱と電線の背後に，鉄道旅行者は風景を見る[2]。

　また，シヴェルブシュによれば，鉄道の速度がもたらした時間の短縮は，空間の収縮と拡大という二重現象を生みだした。かつては互いに閉じていた諸都市を鉄道が取り結び，それぞれの都市の輪郭が曖昧になったことで，国家が首都に収縮したといえるし，郊外が膨張したという見方もできる。従来は自然と有機的に結びついていた交通に無機質な鉄道が侵入することで，伝統的な時間と空間の連続性が抹殺される。鉄道によって出発地と目的地が接近し，空間的な隔たりが実感されなくなった二つの場所は，それぞれの特色を失っていく。イギリスでは，鉄道会社が時刻表のために導入したグリニッジ標準時が，やがて公的な標準時間となった。

　その一方で，1876 年にはアメリカのアレクサンダー・グラハム・ベルが電話の実用特許を取得する。ベルは翌年，電話に関するすべての権利を電信会社に売却しようとするが，まだ「電気のおもちゃ」としかみなされず，失敗に終わる。当時の常識からすれば，最も将来性のあるメディアは電信であり，それに比べて電話は雑音が激しく，伝送されたメッセージが記録されないことなどから，とても太刀打ちできるとは思われなかった。そして 19 世紀末，イタリアのグリエルモ・マルコーニが無線電信を発明したことで，電話に対する電信の優位性は揺るぎないものと考えられた。

2. 明治期日本の通信と交通

（1）旗振り通信から電信へ

　それでは，19 世紀半ばまで鎖国していた日本では，いったいどうだったのだろうか。

　江戸時代の中期，堂島（大阪）や桑名（三重）の米取引所の相場を迅

64

図 4-2　江戸時代の旗振り通信
(出典：相馬編〈1940〉)

　速に遠方に伝え，米取引で儲けるための手段として，望遠鏡と手旗信号
を用いる旗振り通信が用いられるようになった（図 4-2）。見通しのよ
い櫓の上や山頂に中継所が設けられ，夜間には松明による「火の旗」
（＝火振り信号）が使用されることもあった。長年にわたって旗振り通
信の跡地を調査している柴田明彦によれば，幕府は当初，米飛脚による
通信方法が正当であるとして，大阪の周辺地域では旗振り通信を禁止し
ていたが，1865（慶応元）年，英仏蘭公使等の神戸来航をいち早く知ら
せた功績によって公認されたという。主として東海道と山陽道に沿っ
て，西は下関，東は江戸まで通信がおこなわれた。大阪を起点とする
と，神戸には 3 分から 7 分，京都には 4 分，岡山には 15 分から 20 分，
広島には 30 分から 40 分で伝達できたが，江戸までは，箱根の山あいで
は通信ができず，飛脚が走ったので 8 時間を要したという。米相場の盗
み見を防止するために暗号表が用いられ，暗号は 1 カ月ごとに変更され
ていた[3]。
　だが，幕末の開国にともない，鉄道や蒸気機関，郵便や印刷，そして

電信といった新しい技術体系が，いっせいに導入されることになった。1854（安政元）年3月8日，東インド洋艦隊の艦船10隻を率いて浦賀に来航したペリーは，幕府の応接掛との交渉のさなか，米国使節の目を楽しませるために幕府が相撲を観覧させたのに対して，幕府役人や見物人に電信と小型の鉄道模型を観覧させている。

　郵便制度は江戸時代の宿駅制度を継承し，鉄道と電信もまた，伝統的な主要街道に沿って発展していった。1869（明治2）年，東京築地の電信局から横浜まで電信が開通したのを皮切りに，新政府は約10年で，北海道から九州にいたる列島縦断の電信ネットワークを完成させた。蒸気機関車，そして電信線と電信柱は，文明開化，つまり日本の近代化の象徴だった。画家の小林清親は明治期，電信柱を中心に据えた絵画を多く描いている（口絵2）[4]。多くの先進国では現在，電線の地中化と無電柱化が進んでいるので，隔世の感がある。

　東京を中心とする全国一元的な電信網は，遠隔地で勃発するかもしれない反乱を想定し，明治政府が日本全土をより強固に支配していくために不可欠な統治技術でもあった。実際，1877（明治10）年の西南戦争において，政府は開設して間もない電信網を駆使し，兵士や兵糧の合理的，体系的な補給をおこなうことで，国内最強の軍隊と謳われた旧薩摩士族に対して勝利を収めた。それゆえ電信は，旧士族や一部の民衆から反感を買い，電信局の襲撃や電信柱の倒壊も多発した。

　こうして同じ時間を共有する均質な国土空間が短期間で創出され，電信や鉄道というメディアが，日本全土に神経系を張りめぐらせ，近代国家としての外骨格を形成していった。それにともない出版物の流通も促され，言語の標準化によって「国語」[5]が急速に形成されていった。

　そもそも，ペリーによってもたらされた電信や鉄道は，欧米列強による植民地拡大を可能にする重要な技術であった。電信線は地上だけでな

く海底にも敷設され，世界規模の情報流通が拡大するなかで，日本もまた，帝国を支える道具としてこれを活用していくことになる[6]。

（2）電気通信の普及の遅れ

　もっとも，新政府によって電信の技術基盤が整備されたことで，テレコミュニケーションのあり方が一変したというわけではない。

　たとえば，明治に入って電信が普及したといっても，旗振り通信がすぐに廃れたわけではなかった。それどころか，幕府の禁令がなくなったことで，安くて早い旗振り通信は公然とおこなわれるようになり，取引所の屋根に櫓が組まれて，大きな旗が振られるようになった。最盛期は明治20年代で，西は九州北部，東は静岡まで通信され，静岡から東京のあいだは電信が用いられた。小雨でも旗振りはおこなわれたが，大雨や濃霧では見通しがきかないので，やむをえず高価な電信が利用された。「旗振りさん」「めがね屋」と呼ばれた旗振り通信員は，通信社に雇用されることもあったという[7]。1890（明治23）年には電話事業が始まったが，回線数が少なくて接続に長い時間を要したため，旗振り通信が依然として重宝された。旗振り通信の中継地点には，障害物のない見晴らしのよい場所が選ばれていたので，後年における電波塔の立地条件とも少なからず重なっている。

　電話の普及も歳月を要した。宮崎駿監督の映画「となりのトトロ」（1988年）は1950年代前半の物語と考えられている。母が入院している病院から「レンラクコウ（連絡乞う）」という電報を受け取ったサツキは，カンタの親戚（本家）の家にある電話を借りて，父に連絡をとる。村にはまだ電話が普及していないのだ。しかも当時はまだ，父が勤める大学に直接連絡することはできない。まずは電話交換手を呼び出し，「もしもし。市外をお願いします。東京の31局の1382番です」と

伝え，いったん電話を切る。すると折り返し電話のベルが鳴り，先方とつながるという仕組みだった。

　20 世紀前半の日本においては，電話はあくまでも業務用の通信手段であって，家庭で人々が日常的に利用するという状況はほとんど見られなかった[(8)]。家庭への電話機の普及が進んだのは 1970 年代のことで，全国で電話交換の自動化が完了したのは 1979 年のことである。物理的な時間や距離を超えて，電話が瞬時に人と人をつなぐことができるようになるまでに，ベルの発明から実に 100 年を要したのである。

3. 新聞の大衆化

　19 世紀に電信網が整備された頃には，「通信（communication）」と「交通（transportation）」のあいだに明確な区別はなかった。イギリスの文化研究家レイモンド・ウィリアムズによれば，道路，運河，鉄道の発達の最盛期には，communication はこれらの設備の抽象的な総称として使われることが多く，20 世紀半ばになって初めて，主として新聞や放送などのメディアの媒介作用を意味するようになったという[(9)]。社会学者の加藤秀俊も，「通信」と「交通」が本格的に分離したきっかけを，1930 年代の技術革新に見出している[(10)]。

　そして鉄道と電信の発達は，新聞の大衆化を促すことになる。ドイツのヨハネス・グーテンベルクによる活版印刷術の考案は 15 世紀のことであり，16 世紀にはヨーロッパ各地で多くの印刷業者が，新しい出来事（ニュース）を記述した印刷物を発行するようになった。そして 17 世紀初頭には定期刊行（週刊）の新聞が初めて登場し，街頭で呼び売りされていた。当時はまだ洗練されたものではなかったが，18 世紀には新聞広告も登場する。

　18世紀までの新聞は，少数の知識層を対象とするものだった。個人で購読するには資力が欠かせず，紙上に掲載された議論を理解するためには相応の知識が必要だった。そこで重要な役割を果たしていた場所が会員制の「コーヒーハウス」である。そこでは多くの新聞を自由に閲覧でき，客たちのあいだで激しい政治談義が繰り広げられていた。新聞や雑誌の制作者にとっても，コーヒーハウスでの会話は重要な情報源だった。つまり，当時の新聞は個人的に消費されていたわけではなく，ドイツの社会学者ユルゲン・ハーバーマスは，ここに近代ジャーナリズムの形成に不可欠な「公共圏（public sphere）」の基盤を見出している[11]。

　それに対して，産業革命以降，政府の検閲から自由になるために，政治的な議題を回避して，扇情的な犯罪記事などのイエロー・ジャーナリズムに特化した安価な大衆紙も登場し，多くの人々の支持を集めていった。安価な大衆紙の実現には，まずもって印刷機の技術革新が欠かせなかったが，読者が広範囲に拡大するためには，遠隔地の情報を即時に収集することができる電信網，刷り上がった新聞を短時間で遠くまで配送するための鉄道網の拡大が，いずれも不可欠だった。電信の普及にともない，通信社も成長を遂げていく。こうした動きと軌を一にして，紙面に写真が活用されるようになった。また，紙の廉価化で原価が下がった反面，広告収入が増大していったことで，それまで予約購読料に依存していた財政的基盤が大きく変わった。義務教育制度が整備され，文字を読める人々の割合（＝識字率）が高まったことも重要である。こうして近代社会を下支えする読み書きの慣習が確立していった。急速に発行部数を伸ばした日刊新聞によって，多くの人々がいっせいに同じ情報に接するという状況が初めて生まれた。そして次章で述べるように，新聞を購読するという行為によって結びついた人々の意識をどのようにとらえるか，それが次第に問題となっていく。

注

(1) 中野（2003）を参照。

(2) シヴェルブシュ（1982：44-48）を参照。

(3) 柴田（2006），（2021）を参照。

(4) 加藤編（2021）を参照。

(5) 政治学者のベネディクト・アンダーソンは 1983 年に著した『想像の共同体』
　　のなかで，印刷技術に支えられた出版資本主義によって「国民国家」の創出が促
　　され，文字と言語の標準化が「国語」を形成したことに着目した（アンダーソ
　　ン，2007）

(6) 技術史家のダニエル・ヘッドリクの著作群に加え，有山（2013），白戸（2016）
　　などを参照。

(7) 柴田（2006），（2021）を参照。

(8) 吉見・若林・水越（1992）などを参照。

(9) ウィリアムズ（2011：113-114）を参照。

(10) 加藤（1977）を参照。

(11) ハーバーマス（1994）を参照。

参考文献

有山輝雄『情報覇権と帝国日本Ⅰ：海底ケーブルと通信社の誕生』吉川弘文館，
　　2013 年

ベネディクト・アンダーソン／白石隆・白石さや訳『定本　想像の共同体：ナショ
　　ナリズムの起源と流行』書籍工房早山，2007 年（原著 1983 年）

レイモンド・ウィリアムズ／椎名美智・武田ちあき・越智博美・松井優子訳『完訳
　　キーワード事典』平凡社，2011 年（原著 1976 年）

加藤秀俊「一九三〇年代のコミュニケイション」『文化とコミュニケイション　増
　　補改訂版』思索社，1977 年

加藤陽介編『電線絵画：小林清親から山口晃まで』求龍堂，2021 年

ヴォルフガング・シヴェルブシュ／加藤二郎訳『鉄道旅行の歴史：19 世紀におけ
　　る空間と時間の工業化』法政大学出版局，1982 年（原著 1977 年）

柴田昭彦『旗振り山』ナカニシヤ出版，2006 年

柴田昭彦『旗振り山と航空灯台』ナカニシヤ出版，2021 年

白戸健一郎『満州電信電話株式会社：そのメディア史的研究』創元社，2016 年

相馬基編『世界交通文化発達史』東京日日新聞社，1940 年

中野明『腕木通信：ナポレオンが見たインターネットの夜明け』朝日選書，2003
　年

ユルゲン・ハーバーマス／細谷貞雄・山田正行訳『公共性の構造転換：市民社会の
　一カテゴリーについての探究［第 2 版］』未来社，1994 年（原著 1962 年）

吉見俊哉・若林幹夫・水越伸『メディアとしての電話』弘文堂，1992 年

学習課題

映画のなかのメディアを探してみよう

　本章では，「となりのトトロ」に登場する電話について触れましたが，スタジオジブリの映画は，古いメディアの宝庫です。たとえば，宮崎吾朗監督の「コクリコ坂から」（2011 年）には，ガリ版印刷（謄写版印刷）の一工程である「ガリ切り」という作業の様子が描かれていますし，宮崎駿監督の「天空の城ラピュタ」（1986 年），「紅の豚」（1992年），「崖の上のポニョ」（2008 年）の登場人物は，いずれもモールス信号を使用しています。作品によって通信に用いている機械が異なりますので，ぜひ確認してみてください。

　映画のなかに登場するメディアは，登場人物のコミュニケーションのあり方を規定する役割を果たすだけでなく，作品の時代背景や人物の社会階層を暗示する効果もあります。ずっと時代がくだれば，メディア史を紐解くための貴重な歴史資料になるかもしれません。

5 | メディア史に学ぶ（2）

飯田　豊

《**目標＆ポイント**》　第4章を踏まえて，19世紀における電気技術の社会化，特に交通と通信の変容を踏まえて発展してきた，20世紀初頭のヨーロッパおよびアメリカの思想の系譜をたどる。また，アメリカを中心とするマス・コミュニケーション研究の世界的隆盛について解説し，メディア論との関わりや観点の違いを論じる。
《**キーワード**》　群衆／公衆／大衆，タルド，クーリー，リップマン，マス・コミュニケーション研究

　　第3章と第4章で述べたメディア史の知見を踏まえて，本章ではメディア論の成り立ちについて考えてみたい。

　　マーシャル・マクルーハンは，なんらかの技術的手段によって人間の身体能力を拡張するもの，そのすべてをメディアととらえた。貨幣や印刷，新聞や雑誌，電信や電話，写真や映画，ラジオやテレビはいうに及ばず，衣服や住宅から，車輪，自転車，飛行機，そして兵器やオートメーションまで，あらゆるものが潜在的にはメディアであり，相互に強い影響を及ぼしているという[1]。

　　マクルーハンは1960年代に一世を風靡したが，そのブームはわずか数年で終息した。だが，1980年代半ば以降，彼の思想に対する再評価が進んだ。パーソナル・コンピュータやインターネットなどが普及していくなかで，マクルーハンのメディア理解は，もっぱらマスメディアを

72

分析の対象としてきたマス・コミュニケーション研究やジャーナリズム論の限界を克服するものとして，大いに歓迎されたからである。

　日本語で「メディア論」といえば，マクルーハンが提示した視座をこうして「再発見」した学問として了解されることが多い。したがって，マス・コミュニケーション研究やジャーナリズム論の歴史に比べて，メディア論の歴史は長くないように思われるかもしれない（放送大学で「メディア論」の講義が初めて開講されたのは 1997 年のことである）。

　だが，本章で見ていくように，そもそもマクルーハンの登場を待つまでもなく，新しいメディアが社会に登場するたび，その時代を生きる人々のあいだで，メディア論的思考は断続的に覚醒していたのである。

1. 群衆・公衆・大衆——ヨーロッパのコミュニケーション論

　第 4 章で見たように，ヴォルフガング・シヴェルブシュが著した『鉄道旅行の歴史』は，鉄道などの産業技術による「時間と空間の抹殺」について論じている。しかしこれはシヴェルブシュが初めて指摘したことではなく，19 世紀当時に広く見られた言いまわしだった[2]。こうした社会変容に対する洞察こそが，メディア論的思考の起源といえるだろう。

　19 世紀はロンドン，パリ，ベルリンなどの都市で人口が急増した。19 世紀を通じてフランスで生じた社会変動，とりわけパリの労働者による食糧暴動を踏まえ，1895 年に『群衆心理』を著したギュスターヴ・ル・ボンは，犯罪研究の一環として興隆していた群衆心理学の知見を体系化した。ル・ボンは，多くの人々が旧来のコミュニティから離脱し，都市に居住するようになった結果，偶発的な相互の身体的接触が感情的

な同調や衝動的な行動を引き起こしていると考え，それを既存のコミュニティによる規範や拘束からの逸脱行動と位置づけた。このような心理は，精神なき感情がもたらす病理，近代的な理性や教養に基づく合理性に対する危機としてとらえられた[3]。

それに対して，フランスの社会学者ガブリエル・タルドは，1901年に著した『世論と群集』のなかで，群衆を人間の模倣本能に基づく同一化現象と考え，ル・ボンの群衆論を批判した。さらにタルドは，新聞を読むという行為から生まれた新しいタイプのコミュニティとして，「公衆」という概念を見出した。それは「純粋に精神的な集合体で，肉体的には分離し心理的にだけ結合している個人たちの散乱分布」を意味する[4]。公衆が発生する契機は，印刷術の革新によって聖書が大量に複製された時期にまでさかのぼることができるが，新聞の発行部数が急増したフランス革命（1789年）の前後こそが，最初の重要な歴史的転換期であるという。さらに電信と鉄道の発展によって，新聞の情報伝達の速度と精度は急激に高まった（→第4章）。「印刷，鉄道，電信という，たがいに相補的な三つの発明が結合して，新聞という恐るべき威力が成立した」のだ[5]。

互いに知らない多くの読者の頭のなかに，情報や思想が複製され，似たような信念や感情が共有されるようになると，それが「世論」という大きなまとまりを形成していく。世論は従来，それぞれの都市の広場における公開討論など，対面での会話によって構成されていたが，新聞の読者が空間的に広がっていくことで，世論は画一化し，時間的に刻々と変化していくことになる。公衆は身体的に分散していながら，精神的に結合している。こうして群衆との差異は決定的になる。

新聞が作り出す公衆は感情を操作される対象となり，かえって群衆よりも，遠くからの扇動や誘導の影響を受けやすい均質的な集団になって

しまうという受動的な性格を，タルド自身は懸念していた。ところが日本では戦後，清水幾太郎が「目覚めた理性による分析と批判とが公衆に固有のものである」[6]と指摘するなど，ル・ボンが見出した群衆と対比して，公衆の合理的側面が過度に強調されてきた。もっとも清水によれば，戦後日本の公衆はこうした理性を発揮できる状態ではなく，マスメディアの支配的な影響力などによって，その合理性を自己否定する巨大な群衆，言い換えれば「大衆」に成り下がっているともいう。

　大衆という概念については，スペインのオルテガ・イ・ガセットが，1930 年に著した『大衆の反逆』のなかで批判的に論じている。オルテガは，必ずしも社会階層とは結びつかない「心理的事実としての大衆」が，「無名の意思」を現代社会に押しつけ始めていることを指摘した[7]。

2. マス・コミュニケーション研究の源流——アメリカ のコミュニケーション論

　アメリカではチャールズ・クーリーが，1909 年に著した『社会組織論』のなかで，いち早く「コミュニケーション」という概念について考察している。クーリーのいうコミュニケーションとは，「それをとおして人間関係が存在し発展するメカニズム」であり，「空間をとおして心の象徴を伝達し，時間においてそれを保存する手段と結びつくあらゆる心の象徴」である[8]。したがって表情，態度，身振り，声の調子，言葉，文章，印刷から，電信や電話，蓄音機，鉄道，写真製版までを含み，空間と時間の克服に関わるものすべてが，考察の対象となる。特に19 世紀以降の近代的コミュニケーションを特徴づけるのが，空間の拡大と時間の収縮である。こうした変化は，第 4 章で見たように，新聞と鉄道が結びつき，さらに電信や電話などが複合的に作用することによっ

て生じたことを，クーリーは当時から的確に見抜いていた。しかも，たとえ自分と同じような興味関心をいだいている人間がわずかであっても，そうした人々と精神的に結びつき，考え方を共有することが容易になった。近代的コミュニケーションは知性の増大や個性の養成に役立ち，人間が希望を実現するための効果的な道具になりうるという期待を寄せたのである。

　クーリーは「印刷は，民主主義を意味する」と断言する[9]。なかでも日刊新聞の発達は，そのゴシップ性を差し引いても，公共意識の組織化にとって不可欠であると考えていた。前節で見たように，ヨーロッパで公衆の非合理性が懸念されていたのに対し，20世紀初頭のアメリカではむしろ，こうした変化が人々の個性を豊かにし，民主的な合意形成に寄与するはずだという明るい信念が広く共有されていた。

　その一方，ジャーナリストのウォルター・リップマンは，1922年に著した『世論』のなかで，間接的に情報を伝えているはずのマス・コミュニケーションが，われわれを直接的に取り囲んでいる環境と同一化しつつあると指摘し，これを「疑似環境」と呼んだ[10]。リップマンは第一次世界大戦中，情報将校としてフランスに渡り，ドイツ軍に対する宣伝ビラの作成に携わるなど，宣伝戦の最前線で活動していた人物である。

　リップマンが提起した概念として広く知られているのが，「ステレオタイプ」である。マス・コミュニケーションという現象について考える上で，重要な考え方である。人々が「事実」だと思い込んでいるものは，実のところ，画一的な観念，あるいは特定の思考の枠組みにしたがって構成されたものに過ぎない。人々が外界を見る習慣を，文化や集団の意識構造の水準で枠づけているのがステレオタイプである。したがって，ステレオタイプの体系が定着しているということは，私たちが安定的な世界像を確保することにつながるのであって，必ずしも他者に

対する歪んだ先入観というわけではない。そこでリップマンは，われわれが矛盾のない現実理解をするためには，マスメディアがステレオタイプを媒介していることを教育する必要があると説いた。これはメディア・リテラシー（→第13章）の出発点となる考え方で，今なお有効である。

3. マス・コミュニケーション研究の体系化

アメリカでは1930年代以降，ラジオ聴取に関する社会心理学的な研究がさかんにおこなわれ，特にポール・ラザースフェルドを中心とする「ラジオ・プロジェクト」が成果をあげていった。オーストリア生まれのラザースフェルドは，ウィーン大学で統計調査に基づく社会心理学に取り組んでいたが，ナチスが政権をとった後，アメリカに渡った。彼らが取り組んだ調査は，ラジオ局の経営者から巨額の研究資金とともに依頼された産学連携研究で，産業として急成長するラジオの広告効果を，アンケートによる数量的分析に基づいて明らかにするものだった。そして第二次世界大戦期には，戦争宣伝の研究と結びついていく。統計調査の科学的信頼性に担保された実証研究が，アメリカのマス・コミュニケーション研究の大きな特徴である。

ラザースフェルドたちは，1940年の大統領選に際してパネル調査をおこない，情報伝達と世論形成の過程について分析している[11]。この調査の結果などを踏まえて，ラザースフェルドとエリユ・カッツは，1955年に刊行した『パーソナル・インフルエンス』のなかで，マス・コミュニケーションにおける直接的な人間関係の影響に着目した。「コミュニケーションの二段階の流れ」と呼ばれる仮説で，いわゆる「オピニオン・リーダー」が果たす役割に関心を向けた[12]。カッツは後年，

新聞読者どうしの横のつながりに目を向けたタルドを，マス・コミュニケーション研究のパイオニアとして高く評価している。

　マス・コミュニケーション研究はその後，選挙運動と投票行動の関係，広告戦略と購買行動の関係の分析などに寄与することから，世界的に隆盛を極めていく。1940年代から70年代にかけて，マス・コミュニケーション研究の体系化に貢献したのが，ウィルバー・シュラムである。シュラムは1930年代に通信社で記者として働いた経験があり，第二次世界大戦中は戦時情報局で宣伝研究に従事していた。シュラムが編纂した『マス・コミュニケーション研究』は長年，この領域の教科書として広く用いられてきた(13)。また，韓国，台湾，東南アジア，オーストラリア，中南米などの環太平洋諸国では，シュラムやその弟子筋の指導のもとで，主要大学にマス・コミュニケーション研究のための教育機関が設立された。

4.「大衆（マス）」は存在しない？

　だが，こうした展開のなかで，コミュニケーションを媒介するメディアそれ自体は，単なるメッセージの伝送路であるかのようにみなされていく。クーリーは19世紀初頭に端を発するコミュニケーションの変容について，「広範囲な心理におよぼす作用よりはむしろ，あらゆる人びとがよく知っている機械的側面こそ注目に値する」と考えていた(14)。それにもかかわらず，20世紀半ばにマス・コミュニケーション研究が確立する過程で，メディアを支える技術の特性に対する目配りは次第に乏しくなっていった。そして，アメリカのマス・コミュニケーション研究に対抗する視座が，ドイツのフランクフルト学派，カナダのトロント学派（マクルーハンのメディア論），イギリスのバーミンガム学派（カ

ルチュラル・スタディーズ）といった複数の知的水脈のなかで醸成され，メディア論の輪郭（→第2章）が形成されていくことになる。

　たとえば，イギリスのレイモンド・ウィリアムズは，1983年に著した『文化と社会』のなかで，「じっさいは大衆などというものは存在していないのである。ただ人びとを大衆とみなす，いろんな見方があるだけ」と断言している[15]。いったいどういうことだろうか。

　ウィリアムズが1974年に著した『テレビジョン』によれば，社会心理学的なマス・コミュニケーション研究には，メディアそれ自体は送り手から受け手に一定のメッセージを伝える中立的な伝送路に過ぎないという認識があるが，彼はこれに異を唱えた。というのも，この発想を前提とする限り，そもそも社会においてテレビとは何か，テレビを見るという習慣がどのように構成され，それが日常生活のなかでいかなる位置を占めているのかといった問いは立てられない。ウィリアムズが批判したのは，受け身な「大衆」の存在を自明視して，マスメディアの効果を測定しようとする態度であり，メディアのありよう自体に疑問を投げかける契機をふさいでしまうことだった[16]。

　コミュニケーションのプロセスを，それに参与している主体の意図や，階級，ジェンダー，世代など，彼らを取り巻く社会的・文化的諸条件の全体から孤立させて考えることはできないというのが，ウィリアムズに限らず，この頃からイギリスで発展するカルチュラル・スタディーズの基本的な考え方だった。このような主張は，メディアに対する新しい理解の出発点になるもので，後続するメディア論のなかに息づいていった。

5. 古いメディア（論）が新しかった時

　もっとも，現在，インターネット利用の効果や影響を明らかにする上で，マス・コミュニケーション研究の考え方は，依然として有効である。インターネットがマスメディアの機能を部分的に代替しているという前提に立った上で，社会心理学の方法論を批判的に継承しながら，インターネットにおける情報伝達や世論形成の過程を分析することが試みられているからである。

　かつてリップマンが論じたような，曖昧なステレオタイプに基づく現実理解や価値判断は，いまやマスメディアだけではなく，インターネットによって補強されることもある。逆にマスメディアによって強化されている理解や価値観とは別の見方が，インターネットによって促されることもある。また，ラザースフェルドたちは，マス・コミュニケーションにおけるオピニオン・リーダーの働きに着目したが，近年では「インフルエンサー」と呼ばれる人々が，いわゆるネット世論やネット流言を形成する上で，重要な役割を担っていると考えることもできよう。

　それに対して，第1節で見たような，マス・コミュニケーション研究が確立する以前のメディア論的思考に立ち戻ることによって，インターネットが普及した現代社会の特性をとらえる上で，どのような手がかりを得ることができるだろうか。

　伊藤守によれば，私たちはたいてい，「コミュニケーション」という現象をイメージするとき，それが二者のあいだの相互作用ないし相互行為であることを暗黙の前提とし，メディアを介した「送り手」と「受け手」の関係を問題にしがちである。しかしタルドは，新聞と読者のあいだの縦のつながりを取り上げるだけでなく，新聞が伝える情報が読者どうしの会話や口論を通じて波及していく横のつながりにも目を向けた。

20 世紀初頭，都市空間という——私的領域とも公的領域ともいえない
——曖昧で未分化な境界領域におけるコミュニケーションの主体は，自
律した個人の意識，理性，言語などに依拠する人間像とは明らかに異な
るものだった。言い換えれば，現在語られる「送り手」や「受け手」，
「オーディエンス」や「コミュニケーション」といった不変とも思える
概念は，20 世紀を通じて私的領域と公的領域が分離し，マス・コミュ
ニケーションが発展したことにともなう歴史的産物に過ぎない[17]。

　「マス・コミュニケーション」が十分に確立しておらず，「送り手」と
「受け手」が未分化だった 19 世紀の状況は，モバイル・メディアや
SNS などの普及によって，こうした概念の自明性が再び揺らぎ，ネッ
ト群衆の「無名の意思」が存在感を増している現代社会の様相に通じ
る[18]。そこで近年，物質の移動，あるいは交通や物流を，あらためて
コミュニケーション現象としてとらえなおすことで，メディア論の枠組
みを（再）拡大しようという企てもある[19]。「新しいメディア」とは，
いつの時代にも反復される相対的な物言いだからこそ，メディアの歴史
を深く理解することが重要であり[20]，同時にメディア論をアップデー
トしていくためにも，歴史的な視座が不可欠なのである。

注

(1) マクルーハン（1987）を参照。
(2) シヴェルブシュ（1982）を参照。
(3) ル・ボン（1993）を参照。
(4) タルド（1989：12）を参照。
(5) タルド（1989：21）を参照。
(6) 清水（1951：25）を参照。
(7) オルテガ・イ・ガセット（1995）を参照。

(8)　クーリー（1970：56）を参照。

(9)　クーリー（1970：67）を参照。

(10)　リップマン（1987）を参照。

(11)　ラザースフェルド・ベレルソン・ゴーデット（1987）を参照。

(12)　ラザースフェルド・カッツ（1965）を参照。

(13)　新版を部分的に翻訳した日本語文献として，シュラム編（1968）がある。

(14)　クーリー（1970：71）を参照。

(15)　ウィリアムズ（2008：246）を参照。

(16)　ウィリアムズ（2020）を参照。

(17)　伊藤（2013）を参照。

(18)　たとえば，伊藤昌亮は，「フラッシュモブ」と呼ばれる集合行動における群衆の多面的・多層的なあり方を分析するにあたって，ヨーロッパの群衆論や公衆論，アメリカの集合行動論などを批判的に参照している。伊藤は，フラッシュモブが新たな市民運動とテロリズムの両極に連なっていて，社会秩序に対して創造的に沸騰することもあれば，逆に破滅的に作用する危うさも兼ね備えていることを，実証的に考察している（伊藤 2011）。

(19)　Morley（2017）を参照。

(20)　マーヴィン（2003）を参照。

参考文献

伊藤昌亮『フラッシュモブズ：儀礼と運動の交わるところ』NTT 出版，2011 年

伊藤守『情動の権力：メディアと共振する身体』せりか書房，2013 年

レイモンド・ウィリアムズ／若松繁信・長谷川光昭訳『文化と社会：1780-1950』ミネルヴァ書房，2008 年（原著 1983 年）

レイモンド・ウィリアムズ／木村茂雄・山田雄三訳『テレビジョン：テクノロジーと文化の形成』ミネルヴァ書房，2020 年（原著 1974 年）

オルテガ・イ・ガセット／神吉敬三訳『大衆の反逆』ちくま学芸文庫，1995 年（原著 1930 年）

クーリー／大橋幸・菊池美代志訳『社会組織論：拡大する意識の研究』青木書店，

1970 年（原著 1909 年）

W・シヴェルブシュ／加藤二郎訳『鉄道旅行の歴史：19 世紀における空間と時間の工業化』法政大学出版局，1982 年（原著 1977 年）

清水幾太郎『社会心理学』岩波書店，1951 年

W・シュラム編／学習院大学社会学研究室訳『新版　マス・コミュニケーション：マス・メディアの総合的研究』東京創元新社，1968 年（原著 1966 年）

ガブリエル・タルド／稲葉三千男訳『世論と群集［新装版］』未来社，1989 年（原著 1901 年）

キャロリン・マーヴィン／吉見俊哉・水越伸・伊藤昌亮訳『古いメディアが新しかった時：19 世紀末社会と電気テクノロジー』新曜社，2003 年（原著 1988 年）

M・マクルーハン／栗原裕・河本仲聖訳『メディア論：人間の拡張の諸相』みすず書房，1987 年（原著 1964 年）

吉見俊哉「電子情報化とテクノロジーの政治学」井上俊・上野千鶴子・大澤真幸・見田宗介・吉見俊哉編『メディアと情報化の社会学』岩波書店，1996 年

P・F・ラザースフェルド，E・カッツ／竹内郁郎訳『パーソナル・インフルエンス：オピニオン・リーダーと人びとの意思決定』培風館，1965 年（原著 1955 年）

P・F・ラザースフェルド，B・ベレルソン，H・ゴーデット／時野谷浩ほか訳『ピープルズ・チョイス：アメリカ人と大統領選挙』芦書房，1987 年（原著 1944 年）

W・リップマン／掛川トミ子訳『世論（上・下）』岩波文庫，1987 年（原著 1922 年）

ウォルター・リップマン／河崎吉紀訳『幻の公衆』柏書房，2007 年（原著 1925 年）

ギュスターヴ・ル・ボン／櫻井成夫訳『群衆心理』講談社学術文庫，1993 年（原著 1895 年）

David Morley, *Communication and Mobility*：*The Migrant, the Mobile Phone, and the Container Box*, Wiley-Blackwell, 2017.

学習課題

**古典紹介：レイモンド・ウィリアムズ／木村茂雄・山田雄三訳『テレビ
ジョン：テクノロジーと文化の形成』ミネルヴァ書房，2020 年（原著
1974 年）**

　イギリスのレイモンド・ウィリアムズは，1960 年代を通じて，BBC
のドキュメンタリー番組の制作に携わったり，テレビドラマの脚本を執
筆したり，数々の討論番組に出演したりすることで，テレビとの関係を
強めていき，1968 年から 72 年にかけて，BBC が出版する雑誌『リス
ナー』にテレビ時評を執筆していました。そして 1972 年に渡米したの
を機に，イギリスとアメリカにおける放送システムと社会との関係を比
較分析し，この本を刊行しました。「フロー（flow）」や「流動的なプラ
イベート化（mobile privatization）」といった独自の概念を駆使して，
テレビというメディアがいかにして，日常生活のなかに切れ目なく埋め
込まれているかを論じています。

6 | メディア論的想像力の系譜（1）

飯田　豊

《**目標＆ポイント**》　第4章から第5章では，19世紀における交通や通信の
発展を大局的にとらえた上で，20世紀初頭のヨーロッパおよびアメリカで
萌芽したメディア論的思考の源流をたどった。かたやメディア技術の歴史を
局所的にみていくと，その発展の道筋は必ずしも一方向的ではなく，さまざ
まな人々の論理や利害，構想力が対立あるいは拮抗するなかで，複数の方向
に開かれていたことがわかる。そこで本章では，電話，ラジオ，テレビジョ
ンがそれぞれ社会化していく過程で，いかなるメディア論的想像力が立ち現
れていたのかを解説する。
《**キーワード**》　電話，ラジオ，テレビジョン，アマチュアリズム

1.「電話」の初期衝動

　多くの人々が電信に驚嘆し，興奮の心持ちで歓迎したが，電気につい
て科学的に理解することが極めてむずかしかった頃，懐疑心や迷信に基
づく恐怖に駆られたり，不安な気持ちを訴えたりする者たちも現れ
た[1]。電気現象の存在は古代から人々に認知されていたが，中世まで
は魔術的なものとして理解され，19世紀になってようやく科学的に操
作可能なものになっていく。19世紀末のアメリカでは，「エレクトリ
シャン」と呼ばれた電気技術者たちが，電信機や電気照明などを使って
スペクタクル的な実験を繰り返すことで人々を驚かせ，電気に対する想
像力を刺激していた。

　また，1876年にはアメリカのアレクサンダー・グラハム・ベルが電

話の実用特許を取得する。耳の聞こえない人々や吃音や訛りが強い人々に正しい話し方を教える，聾唖教育の研究に取り組んでいたベルは，音声を電気的に記録し，再生するための機械としてこれを構想していた。つまり，遠隔地にいる人と話をすることを目指していたわけではなく，テレコミュニケーションとは異なる想像力に基づいていたのである。

　しかも電話は，20世紀初頭の欧米で交換システムの技術が発展を遂げるまで，私たちが知っている通信機器としての様態とは全く異なっていた。

　たとえば19世紀末以降，ハンガリーの首都ブタペストの「テレフォン・ヒルモンド」（図6-1）という会社は，まるで有線放送のように，音楽や演劇，教会の説教や選挙演説などを電話回線で供給していた[(2)]。メディア史のなかで特に有名な事例の一つである。「放送（broadcast）」

図 6-1　テレフォン・ヒルモンド（1901 年）
（https://commons.wikimedia.org/wiki/File: Telefon_Hirmondo_-_Stentor_reading_the_day%27s_news.jpg）

という概念がまだなかった当時，このサービスは「電話新聞（tele-phone newspaper）」と呼ばれた[(3)]。

　また北米の農村部などでは，電話交換手が地域のネットワーカーとしての役割を果たし，まるで井戸端会議のようなコミュニケーションを電話回線を介して実現した。地域の人々をつなぐ共同体的なメディアとしての可能性も含んでいたのである[(4)]。

2.「ラジオ」の初期衝動

　それに対して，無線で音声を送信する無線電話（wireless telephone）の実験は，アメリカで20世紀初頭に初めて成功した。蓄音機の音楽やヴァイオリンの演奏などが送信され，大西洋を航行する船舶の通信士たちがそれを受信した。これが港湾電話として実用化されるまでに，さして時間はかからなかった。

　モールス式符号を必要としない無線電話の登場は，趣味としての無線の魅力を大いに高めた。アメリカでは1910年頃までに，自らの声を電波に乗せるアマチュア無線が広がりをみせていて，第一次世界大戦後には世界各地で，音声送信の技能と設備を持ったアマチュア無線局が，急速に草の根的なネットワークを形成していった[(5)]。電気に媒介された声は当時，エーテル（Ether）という媒体を通じて伝わってくると考えられていた。エーテルとは，アリストテレスが天体を構成する元素として仮想したもので，欧米では古来より，神の声を媒介するものと信じられてきた。電磁波理論という近代科学に裏打ちされた無線電話だが，こうした宗教的な神秘性とも分かちがたく結びついていた。コンピュータ・ネットワークを代表する規格である「イーサネット（Ethernet）」の名称もまた，エーテルという概念に由来している。1910年代に生ま

れたアマチュア無線文化の，国家の枠組にとらわれない理想主義的な価
値観は，1980 年代以降のハッカー文化，初期のインターネット文化に
まで受け継がれていく（→第 7 章）。

　ところが，アメリカで 1920 年，ウェスティングハウス社がピッツ
バーグに KDKA 局を設立したのを皮切りに，無線電話という新しい技
術は，放送産業の勃興をもたらすことになる。KDKA 局が受け手とし
て想定したのは，電波の送信と受信を等価値とみなすアマチュア無線家
ではなく，放送内容の受信活動に特化した膨大な「大衆」（→第 5 章）
であった。そしてマイクが取り外された無線電話機は，ラジオ受信機と
呼ばれるようになる。さらに 1920 年代以降，海軍や企業の無線局を保
護する目的から，アマチュア無線家に対する規制が次第に強化されてい
くことになる。

　その経過は日本でもほとんど同じだった。無線電話機の部品が国内で
製作，販売されるようになると，その人気は大いに高まった。家庭に電
気が普及し，交通機関の機械化が進行するなかで，余暇の時間を持ち，
無線を趣味にできる金銭的余裕のある青少年たちによって，アマチュア
無線家の裾野が急速に拡大していった。その反面，ラジオ放送の事業化
と送受信機の販売を見据えた実業家も登場し，民間資本による放送局設
立の機運が高まっていく。

　ところが日本の場合，1923（大正 12）年 9 月 1 日に発生した関東大
震災によって，状況が一変する。それまでラジオに対して受け身の姿勢
だった政府が，急速に規制を強化していった結果，ラジオ放送事業は非
営利の社団法人に統合されることが決まった。

　そして 1925（大正 14）年，東京放送局（JOAK），大阪放送局（JOBK），
名古屋放送局（JOCK）が相次いで定時放送を開始した。当初，民間資本
を基盤とする独立した経営組織によって，それぞれ自主的な番組制作を

88

おこなっていたが，政府は翌年，この三局を統合して社団法人日本放送協会を設立する。放送事業は強力な国家統制のもとに置かれ，全国一元的な放送網が1928（昭和3）年までに完成する。この年，昭和天皇の即位を記念して「ラジオ体操」の放送も始まり，ラジオは急速に人々の日常生活に溶け込んでいった。ラジオ体操の実施は，全国の人々が同じ時刻に受信機の前に集合することで，国土全体に単一的な時間感覚をもたらすことに寄与した[6]。明治以来の通信政策に従って，無線技術に対する国家統制が整っていくなかで，空中の電波帯は誰でも自由に利用できるものではなく，国家が管理する専有物であるという考え方が当たり前になっていった。

　ドイツでは，1933年に政権を奪取したナチスが，大衆操作のための道具として映画やラジオを徹底的に活用していく[7]。ナチスの放送しか受信できない「国民ラジオ」を大量に製造し，市街地や工場など，人々が集まる場所に設置していった。1930年代以降，映画やラジオなどの新しいメディアを駆使した宣伝戦略は，ドイツに限らず，アメリカや日本でも精力的に展開され，これが宣伝研究，ひいてはマス・コミュニケーション研究の隆盛にもつながっていく（→第5章）。

3.「テレビジョン」の初期衝動

　テレビは第二次世界大戦後，国家的にも産業的にも，ラジオの後継者として定着していく。電波の希少性を根拠とする免許制度によって事業者が限定され，新聞業界や広告業界と密接に結びつきながら発展したことで，急速に社会的な影響力を高めていった。しかしながら，時代をさかのぼってみると，電話やラジオと同様，テレビジョンという技術が現在の様態に落ち着くまでの過程も，それほど単純ではなかった。

（1）機械式と電子式

　世界各地でテレビジョンの研究が本格化するのは1920年代に入ってからのことだが，それを可能にする要素技術の開発は前世紀から進められていた。ドイツで1884年，発光体を電気的に再生するための装置（ニプコー円盤）が発明されると，これが機械式テレビジョンの実現に欠かせない部品になった。1924年，ニプコー円盤を使った映像の伝送に初めて成功したのが，イギリスのジョン・ベアードである。その後，事業化に向けて起業し，1928年には大西洋横断の長距離送受信実験に成功。翌年にはBBCと提携した実験放送を開始した。

　日本では，浜松高等工業学校の高柳健次郎がいち早く，ベアードの機械式テレビジョンに興味を持った。しかし，その将来性に疑問をいだいた高柳は，ドイツで19世紀末に発明された陰極線管（ブラウン管）に着目した。カメラに用いる電子式撮像管という部品の試作に苦心していた高柳は，ひとまず，送像にニプコー円盤（＝機械式），受像にブラウン管（＝電子式）を用いた折衷方式の実験装置を完成させた。「イ」の字を照らし，それをブラウン管に再現することに世界で初めて成功したのは，1926（大正15）年12月25日，大正天皇崩御の日であったと伝えられている。

　その翌年にはアメリカで，送像と受像の両方を電子的に走査するテレビジョンの開発が初めて達成された。そして1930年代の末には，電子式撮像管とブラウン管を使用する電子式テレビジョンの実用化に目途がつく。

　その一方，1930年代半ばまでは，以下で述べるように，機械式テレビジョンの技術を用いて，まるで映画のような視聴空間が実験的につくられ，テレビ電話の実用化も模索されていた。しかし，いずれもテレビジョンの源流の一つでありながら，やがて放送技術としての標準化が進

められた結果，それ以外のさまざまな可能性は行き詰まることになる。

（2）パブリック・ビューイング──「劇場テレビジョン」の可能性

　「声と姿の放送に世界的の大発明」という見出しが『東京朝日新聞』の紙面に踊ったのは，1930（昭和5）年2月のことである。早稲田大学では機械式テレビジョンの研究が進んでいて，その完成を報じる記事だった。すでに欧米で開発されているような，10cmほどの大きさでしか受像できないものとは違い，約1m四方のスクリーンに投影することが可能で，いずれは映画にも劣らない大きさで受像ができるようになるという。

　1932（昭和7）年には，上野公園で開催された博覧会において，大学の球場から無線による野球の実況中継に成功し，群衆の関心を集めた。今でいうところのパブリック・ビューイングである。こうして機械式テレビジョンの公開実験は，当時の博覧会や展覧会の目玉として，積極的

図6-2　早稲田大学の機械式テレビジョン
（出典：テレビジョン学会編『テレビジョン技術史』　テレビジョン学会，1971年）

に活用されるようになっていく（図 6-2）[8]。

　すでにラジオ放送が始まっていたとはいえ，とりわけ低所得者層に対する受信機の普及は遅れていて，当時は映画のほうがなじみ深いメディアだった。そこで，テレビジョンを家庭に導入するよりも，まずは劇場化を目指そうという意見が，それなりの説得力を持っていたのである。

（3）テレビジョン電話——監視機械の欲望

　アメリカでは 1930 年，AT&T ベル電話研究所が，ニプコー円盤を用いたテレビジョン電話の構想を発表している。日本では 1930 年代半ば，逓信省電気試験所がこれに追随した。テレビジョン電話は，人間ひとりの顔または上半身だけが映れば十分なので，走査線を増やすことに苦心しなくてもよい。1935（昭和 10）年の春，横浜で開催された博覧会を皮切りに，これが積極的に公開されている。博覧会の公開実験では，一方の部屋で一般客に装置を試してもらい，もう一方で女性が対話の相手をした。テレビジョン電話は，同年には台湾，翌年には樺太の博覧会まで持ち運ばれ，内地と植民地をつなぐための技術として宣伝された（図 6-3）。

　テレビ電話（ビデオ通話）は現在，パソコンやスマートフォンのアプリによって実現されていて，私たちにとって身近なメディアである。しかし，当時のテレビジョン電話

図 6-3　テレビジョン電話
（出典：『始政四十周年記念台湾博覧会写真帖』始政四十周年記念台湾博覧会，1936 年）

は，双方が対等な関係で会話を楽しむというよりは，一方が他方を眺めるという非対称な関係になっていることがわかる。まるで監視カメラのような技術として考案されていたようである。

　1930年代当時，テレビジョンの開発に関わっていた技術者たちが，好んで言及していた物語がいくつかある。たとえば，イギリスの文豪バーナード・ショーが1921年に執筆した戯曲「メトセラへ帰れ（Back to Methuselah）」の一場面。それは次のようなものだ。首相が2170年，閣僚と数百マイルを隔てて閣議をおこなっている。首相の机上には大臣の名前が記されたスイッチがあり，これを押すと当人の顔がスクリーンに現れて，同時に声も聞こえてくる[9]。このシチュエーションは，テレビジョンとは何かを説明するさい，まるで常套句（クリシェ）のように繰り返し用いられていた。

図6-4　映画「メトロポリス」（1927年）

図6-5　映画「モダン・タイムス」（1936年）

　また，ドイツのフリッツ・ラングが監督した映画「メトロポリス」（1927年）にも，労働者を監視する工場長がテレビ電話を操作している場面が描かれる（図6-4）。チャールズ・チャップリンの代表作「モダン・タイムス」（1936年）には，トイレでタバコを吸っていた主人公に対して，社長が監視モニター越

しに「おい！　なまけるな，仕事だ」と一喝する場面がある（図6-5）。このようなSF的想像力と共鳴しながら，テレビジョンは初めて社会に姿を現そうとしていたのである。

（4）「テレビジョン」から「テレビ」へ

　ところが，ナチス・ドイツがベルリン・オリンピックでテレビジョンの実験放送を成功させた1936（昭和11）年，日本国内の研究開発体制が一元化されることが決まった。1940（昭和15）年に開催予定だった東京オリンピックが，放送実現の目標として設定されたからである。ドイツで採用されていたのは機械式だったが，日本では将来性を見込んで電子式が採用されることになった。日本放送協会は高柳を浜松から東京に招聘し，規格の検討や放送設備の開発を進めていった。こうしてテレビジョンは，国家的にも産業的にも，ラジオに準拠した新しいメディアとして位置づけられることになった。

　日中戦争の勃発にともなう国際関係の悪化によって，1938（昭和13）年にオリンピックの返上が決まったが，それでも翌年には，東京で実験放送の実現にこぎつけている。しかし，太平洋戦争の開戦にともない，テレビジョンの研究はすべて凍結してしまう。終戦後もしばらくは研究の自由が制約され，1948年頃になってようやく研究が再び活性化する。高柳が入社した日本ビクターをはじめとして，複数の電気機器メーカーも受像機の開発に参入していった。

　そして1952年には，読売新聞元社長の正力松太郎が日本テレビ放送網株式会社を設立すると，ただちに事業免許を申請。日本放送協会（NHK）を出し抜く格好になったが，1953年2月，NHKが開局の先陣を切った。

　それに対して，同年8月に放送を開始した日本テレビは，テレビの広

告価値を人々に認識させるための仕掛けとして，首都圏の街頭や盛り場に恒常的に街頭テレビを設置して群衆を集めることに成功する。その人気を決定づけたのがプロレス中継と野球中継だった。特に力道山のプロレスは一躍，テレビを通じて社会現象になった。街頭テレビは，日本のテレビ放送にとってエポックメイキングのように語られることが多いが，まるでパブリック・ビューイングのような公開実験が 1930 年代にも試みられていたことは，すでに見たとおりである。

それから約 70 年が経った。「テレビ」という言葉は長年，「放送」あるいは「マス・コミュニケーション」という概念と密接に結びついてきた。しかし 21 世紀に入ると，地上波放送のデジタル化と軌を一にして，ブラウン管はあっという間に日常生活から姿を消した。インターネットでは，動画共有サイトやライブストリーミングが人気を集めるようになり，放送産業をおびやかすようになった。加えて，屋外では都市の街頭から電車の車両内まで，いたるところにスクリーンが配備され，映像化された情報が遍在するようになった。パブリック・ビューイングが定着した一方で，スマートフォンやタブレットなどの携帯端末によって，テレビ電話（ビデオ通話）をおこなうことも当たり前になった。バーナード・ショーが 100 年前に想像した未来の閣議は，現在のオンライン・ミーティングそのものである。つまり現在，「テレビ」の輪郭が大きく揺らいでいることと，かつて開かれていた可能性の総体に目を向けることは，表裏一体の関係にある。

4. アマチュアリズムの可能性と限界

日本の無線黎明期を代表する研究家の 1 人で，ラジオの普及に貢献した啓蒙活動家でもあったのが，苫米地 貢という人物である。苫米地は

1924（大正 13）年，月刊誌『無線と実験』の創刊号から主幹として関わり，日本のアマチュア無線文化を牽引した。この雑誌は『MJ無線と実験』（誠文堂新光社）として，現在まで存続している。また，苫米地は同年，『趣味の無線電話』（誠文堂書店）を刊行し，何十版もの増刷を重ねた。

　その続篇という触れ込みだったのが，1929（昭和 4）年に刊行された『趣味のテレビジョン』（無線実験社）である。この時期，複数の発明家がテレビジョンの研究開発に取り組んでいて，アマチュアを対象とする受像機製作の解説書も数多く出版された。もっとも，ラジオに比べて要求される技術水準が格段に高度であったことから，さほど大きな広がりにはいたらず，1930 年代半ばには霧消した[10]。

　アマチュアによるテレビ研究が活況を呈するのは，戦後のことである。ラジオの草創期と同様，テレビの普及はアマチュアから生じるという見通しを持っていた NHK は，まずはアマチュアによる受像機製作を促し，最初の視聴者を創出しようとした。そのねらいは功を奏し，彼らの多くは家庭にいち早く受像機を導入した。全国各地で電器店を営んでいた者も少なくなかったため，テレビの啓発や受像機の普及にも大きな役割を果たした。

　アマチュアたちは結局，不透明な技術動向に翻弄され，活躍の余地を見出すことはむずかしかった。だが，こうした活動の延長線上に，主に山間部などにおいて，自作趣味のアマチュアが介在することで，農村有線放送電話やケーブルテレビ（Community Antenna Television；CATV）という，都市部とは異なるメディアが姿を現すことになる。

　山間部には電波が届きにくいため，見晴らしの良い場所に立てられた共同アンテナから各世帯まで，有線で音声を届けるのがラジオの共同聴取設備である。これに電話の機能が加わったのが有線放送電話であ

96

り⁽¹¹⁾, 各世帯が有線でつながっていることを活かして, 多くの集落が自主放送をおこなっていた。これは先述のテレフォン・ヒルモンドに似ている。テレビの難視聴地域のための共同視聴設備として設置が進んだCATVにおいても, 1960年代, 町の人々の無償奉仕によって自主制作番組を放送する団体が現れ, 法整備や事業化が後追いで進められる (→ 第7章)。

　本章で跡づけたように, 新しい電気技術が社会化する過程では, しばしば, アマチュアや趣味人がいち早く興味を示して参入している。マーシャル・マクルーハンは1960年代, メディアが「環境」になることによって, ある時代の現実が形成されるようになると, その影響は人々に意識されなくなってしまうと指摘している。そして,「環境」の真の姿を見る力を持っている「反社会的」な存在の一つとして, アマチュアをあげている。「プロフェッショナリズムは, 全面化した環境のパターンのなかに個人を没入させる」が,「アマチュアリズムは, 個人による全面的な察知力, 社会の基本原則を批判的に察知する能力を発達させようとする」⁽¹²⁾。今ある環境に専門家は没入してしまうが, アマチュアには批判的思考が宿るというわけである。

　しかし, 時代がくだるにつれて, 専門家と非専門家は決定的に峻別されるようになる。IC (集積回路) やLSI (大規模集積回路) が導入された製品は, たとえ電気屋や修理屋でさえ, 筐体の中をのぞき込むことが想定されておらず, ごく一般の使用者には, 開発者の痕跡さえ感じられないブラックボックスになった。さらにマスメディア産業の発展にともなって, 少数の送り手と多数の受け手の乖離も急速に進行していった。その結果, アマチュアのような中間的な立場から, メディアの技術や表現の発展の方向づけに関わっていくことは困難になっていく。

　そこで第7章では, 技術の専門家/非専門家に限らず, マスメディア

の送り手／受け手が明確に「線引き」されていくなかで，1960 年代以降，メディアに対する批判的思考（＝メディア・リテラシー）の重要性に焦点があたるようになった経緯をたどってみたい。

注

(1) Czitrom（1982）を参照。

(2) マーヴィン（2003）を参照。

(3) 『電氣之友』22 号（1893 年 5 月号）の「雑報」による。

(4) フィッシャー（2000）を参照。

(5) 水越（1993）などを参照。

(6) 黒田（1999）を参照。

(7) ナチスのプロパガンダ映画については，宣伝省のパウル・ヨーゼフ・ゲッベルスと，映画監督のレニ・リーフェンシュタールが大きな役割を果たした。リーフェンシュタールは，ヒトラーの依頼に基づいて，1932 年のナチス党大会の記録映画「意志の勝利」（1934 年）や，1936 年のベルリン・オリンピック公式記録映画「民族の祭典」「美の祭典」（1938 年）などを制作した。

(8) 飯田（2016）を参照。

(9) ショウ（1931）を参照。

(10) 飯田（2016）を参照。

(11) 坂田（2005）を参照。

(12) マクルーハン・フィオーレ（2015：95）を参照。

参考文献

飯田豊『テレビが見世物だったころ：初期テレビジョンの考古学』青弓社，2016年

黒田勇『ラジオ体操の誕生』青弓社ライブラリー，1999 年

坂田謙司『「声」の有線メディア史：共同聴取から有線放送電話を巡る"メディア

の生涯”』世界思想社, 2005 年

バァナァド・ショウ／相良徳三訳『思想の達し得る限り』岩波文庫, 1931 年（原
　著 1921 年）

クロード・S・フィッシャー／吉見俊哉・松田美佐・片岡みい子訳『電話するアメ
　リカ：テレフォンネットワークの社会史』NTT 出版, 2000 年（原著 1994 年）

キャロリン・マーヴィン／吉見俊哉・水越伸・伊東昌亮訳『古いメディアが新し
　かった時：19 世紀末社会と電気テクノロジー』新曜社, 2003 年（原著 1988 年）

マーシャル・マクルーハン, クエンティン・フィオーレ／門林岳史訳『メディアは
　マッサージである：影響の目録』河出文庫, 2015 年（原著 1967 年）

水越伸『メディアの生成：アメリカ・ラジオの動態史』同文館出版, 1993 年

Daniel J. Czitrom, *Media and the American Mind : From Morse to McLuhan*, The
University of North Carolina Press, 1982.

学習課題

メディアの歴史を体験的に学ぶことができるミュージアム 4 選

　ここに挙げるのはいずれも東京都内の施設ですが，メディア史に関係
する展示を取り入れている博物館や美術館は，全国各地に存在していま
す。

●印刷博物館（東京都文京区）　http://www.printing-museum.org/
　　2000 年に開館。コミュニケーションのためのメディアという観点
　から，印刷という技術の歴史をとらえなおし，その可能性を追究して
　います。

●NTT 技術史料館（東京都武蔵野市）　http://www.hct.ecl.ntt.co.jp/
　　2000 年に開館。1952 年に発足した日本電信電話公社, 1985 年に発
　足した日本電信電話株式会社（NTT）が研究開発してきた技術史料

に加えて，明治以降における通信事業の成り立ちについても学ぶこと
ができます。

●NHK 放送博物館（東京都港区）　http://www.nhk.or.jp/museum/
　　1956 年に開館。1925 年にラジオの本放送が始まった愛宕山にあり
　ます。放送機器や番組資料など，約 3 万点が収蔵されていて，図書・
　資料が閲覧できるライブラリー，過去の番組が視聴できるライブラ
　リーもあります。

●KDDI MUSEUM（東京都多摩市）　https://www.kddi.com/museum/
　　2020 年に開館。国際通信の歴史に関する展示が充実していて，海
　底通信ケーブルの敷設，無線通信や衛星通信の展開について学ぶこと
　ができます。また， au の携帯電話やスマートフォン約 500 機種が展
　示されています。

7 | メディア論的想像力の系譜（2）

飯田　豊

《**目標＆ポイント**》　第6章の議論を踏まえて，メディアの利用者がその技術を積極的に操作し，新たな創造を引き起こす実践の可能性について検討する。具体的には，1960年代から70年代に台頭したビデオをめぐる諸実践に焦点をあてることで，アナログ／デジタル，マスメディア／インターネットといった二項対立を超えて，20世紀に輪郭をなしたメディア論の視座が，現代社会にもたらす展望について説明する。
《**キーワード**》　SF的想像力，ビデオ・アート，メディア・リテラシー

第5章の冒頭で見たように，テレビ成長期の1960年代に活躍したマーシャル・マクルーハンは，メディア論にとって重要な人物の1人だが，その影響は学問の世界だけにとどまらなかった。マクルーハンは当時，「機械による外爆発」の時代から「電気による内爆発」の時代へと，また，活字による「線状的・視覚的な知識」から「非線状的・触覚的な知識」へと，世界が移行しつつあると主張した[1]。電気的な情報網の発達によって物理的距離が無化され，空間的差異が消失すると，同時的な場があちこちに遍在するようになる。それはまるで人間の中枢神経系が地球的規模で拡張しているかのような，SF的な世界観に通じている。

マクルーハンは，グレン・グールドやジョン・ケージといった音楽家と交流し，当時の前衛芸術にも大きな思想的影響を与えた。ジョン・レノン，オノ・ヨーコも彼に面会したことがある。1950年代半ばにイギリスで登場したポップ・アート以降の芸術運動は，総じてマクルーハンとの親和性が高かった。芸術分野にエレクトロニクスが導入されたこ

と，特に映画やテレビなどに関する装置が採用されたことによって，新しい思想が必要とされていたからである。そして，1960年代末にはビデオ・アートが花開き，1970年代を通じて世界各地でマスメディアに対する批判的思考に根差した実践活動が展開していった。

1. SF的想像力からメディア論的想像力へ

19世紀，電気に媒介されたテレコミュニケーション（→第4章）に対する期待は，フランスのジュール・ヴェルヌやアルベール・ロビダなどに代表される，SFの想像力と密接に結びつきながら拡大していった。たとえば，画家であると同時に小説家でもあったロビダは1880年代，「テレフォノスコープ（telephonoscope）」と呼ばれる装置を構想していた（図7-1）。世界中の劇場と回線がつながっていて，まるでボックス席の最前列に陣取っているかのように，あらゆる舞台の公演を見ることができる。それだけではない。相手の姿を見ながら会話ができるテレフォノスコープは，今でいうオンラインショッピングも可能である[2]。それは放送と通信の区別のないテレコミュニケーション技術だった。

図7-1　アルベール・ロビダ「テレフォノスコープ」（1883年）
（出典：ロビダ〈2007〉）

　ブラウン管を用いたテレビの礎を築いた高柳健次郎（→第6章）は，1923（大正12）年横浜の洋書店で立ち読みしていたフランスの雑誌のなかに，「未来のテレビジョン」と書かれたイラストレーションを見つけた。ラジオの箱のようなものの上に額縁があり，そのなかで女の人が歌っている。高柳はこの絵に強く衝撃を受けたことで，本格的にテレビジョンの研究開発を志すようになったという。この絵はロビダが描いたテレフォノスコープの可能性が高い[3]。

　SFには「認識の異化作用」があるといわれる[4]が，19世紀末のSF的想像力を少なからず引き継ぐ形で，20世紀初頭にイタリア未来派が台頭する。未来派は過去の芸術を徹底的に破壊することを謳い，機械化にともなう近代社会の速度を賛美した。とりわけ，1913年に「無線想像力と自由な状態にある語」を著したフィリッポ・マリネッティは，近代技術がもたらす速度によって地球が縮小し，世界の同時化が進んでいくと，言語の線形性が解体され，文体が液化していくと主張した。マリネッティは後年，こうした無線想像力を現実化するための手段として，ラジオの可能性に目を向けていくことになる。

　未来派はまた，19世紀に生まれた写真や映画などのニューメディアに関心を向ける一方，手紙やはがきの簡便さ，そして電報の速度にも注目し，その表現手段としての可能性を追求した。マリネッティは1916年，「速度によって百倍の力をえた人間のエネルギーは，時間と空間を支配するだろう」と高らかに宣言した[5]。19世紀の技術革新がもたらした時間と空間の感覚変容については第4章で述べたが，未来派はその兆候をいち早く察知し，これを全面的に肯定する芸術活動を精力的に実践していった。マリネッティの主張は，テレビをはじめとする電気メディアがもたらす地球規模の感覚変容，そして線形的な言語に基づく秩序の解体を1960年代に予言したマクルーハンの議論を，少なからず先

取りしていた[6]。

　「異化」という概念は，ドイツで活躍した劇作家，ベルトルト・ブレヒトに由来する。日常のなかで当たり前のように思われている習慣や身振りを，あえて奇異なものとして表現することで，知覚や反省を促す技法である。ブレヒトは演劇活動のかたわら，「ラジオ・プロデューサーのための提案」（1927 年）や「コミュニケーション装置としてのラジオ」（1932 年）といったラジオ論を発表している。ブレヒトは，分配装置に過ぎなくなっていた放送という仕組みを異化することで，聴取者自らが語ることができ，主体的に参加できるラジオの可能性を追求していた[7]。ナチスが政権を奪取した後，ドイツからパリに逃れたヴァルター・ベンヤミンは，親友のブレヒトから強い影響を受け，子供向けのラジオ番組の制作に携わったこともある。

　しかしブレヒトの展望とは裏腹に，映画やラジオはナチスの政治宣伝に活用され，徹底した大衆操作がおこなわれる（→第 6 章）。それでもベンヤミンは，ファシズムに傾倒していったマリネッティを厳しく批判しつつ，大衆が新しい段階の芸術に接することの可能性を前向きに評価した[8]。ベンヤミンの理論は，ナチスの芸術運動に対する痛烈な批判に裏打ちされていたが，彼自身は 1940 年，アメリカへの亡命に失敗し，自死に追い込まれる。

　戦後，ドイツの詩人ハンス・マグヌス・エンツェンスベルガーは，1970 年に著した『メディア論のための積木箱』で，1960 年代に世界中を席巻したマクルーハンの議論の保守性を批判しながら，ブレヒトやベンヤミンの実践を再評価している[9]。この頃までに多くの先進国ではテレビ受像機が急速に普及し，放送産業や広告産業が急成長するなかで，これを新しいコミュニケーション装置としてとらえ直そうとする試みも散見されるようになっていた。

2.「ビデオ」の初期衝動

　韓国出身の美術家ナムジュン・パイクは 1963 年，12 台のテレビ受像機を用いた「プリペアド TV（prepared televisions）」という展示をおこなった。その後も，テレビ受像機に強い磁力をかけて映っている画像を歪めたり，白黒反転させたりするインスタレーションを展開し，パイクは国際的な名声を得る（図 7-2）。

　後にビデオ・アーティストのパイオニアとして広く知られることになるパイクの初期作品は，普段は受動的な立場に置かれている視聴者が映像を乱すことによって，テレビに干渉しようという批評的な試みだった。1960 年代前半はまだ，ビデオカメラが普及しておらず，放送されている番組を流用する必要があった。

**図 7-2　ナムジュン・パイク「マグ
　　　ネット TV」（1965 年）**
（出典：Whitney Museum of American
Art, New York; purchase, with funds
from Dieter Rosenkranz）

　ところが 1960 年代後半，比較的安価なビデオカメラが流通し始めた。ソニーは 1965 年，民生用オープンリール式 VTR を世界市場に投入し，これに接続できるビデオカメラも発売した。オープンリール式とは，テープがむき出しの状態でデッキの上に載っているもので，当時はまだ白黒の映像として記録することしかできなかった。さらに 1967 年，ソニーは携帯可能なビデオ撮影ユニット「ポータパック（Portapak）」（図 7-3）を発売したところ，その魅力に惹きつけられた個人ないし集

図 7-3　Sony AV-3400 Portapak（1969 年）
（https://commons.wikimedia.org/wiki/File:Sony_AV
-3400_Porta_Pak_Camera.jpg）

団が世界中で爆発的に増加したのである。

　専門的で大掛かりな機材を必要とする映画やテレビに比べれば，民生用のビデオカメラは低コストで，誰でも手軽に映像を撮影できる。しかも，ビデオカメラをモニターにつなぐと，撮影した映像をすぐさま再生できる。動いている自分の姿を同時にモニターで視聴できるのは，当時の人々にとっては新鮮な驚きだった。多くのアーティストがビデオに興味を持ち，ほどなくビデオ・アートと呼ばれるムーヴメントが誕生する。都市で起こっている出来事を手軽に撮影したり，あるいはアーティストたち自身が仕掛けるパフォーマンスやハプニングを記録したりする上で，ビデオは理想的な手段だったからである。

　ビデオという技術の登場は，平たくいえば，民主的な出来事として歓迎された。そして送り手と受け手が分離しているテレビの状況に対する批判として，ビデオの新しさや面白さが強調されるようになった。テレビとビデオはいずれも電子映像（→第6章）という点で技術的には連続しているにもかかわらず，ビデオにいち早く魅了された人々の多くは，

その文化的な差異を強調したのである。

　アメリカでは 1969 年,「レインダンス・コーポレーション」というシンクタンクが創設された。マクルーハンから強い影響を受けていて,ビデオ作品を制作・販売・配給する活動に加え,雑誌『ラディカル・ソフトウェア』(1970 年から 74 年に発行) を通じて,独自のメディア論を展開した。1971 年に刊行された『ゲリラ・テレビジョン』は,ビデオに関する技術的かつ実践的な情報を掲載したマニュアルと,『ラディカル・ソフトウェア』の思想を抽出したメタマニュアルによって構成される。同書によれば,フィードバックが欠如したテレビに対する不信に根差して,個人的なビデオテープの交換がさかんにおこなわれるようになり,「ビデオ・コミュニケーション」という文化が台頭したという。そして,国家やマスメディアに迎合することなく,地域社会や地方自治体の多様な利害関心を反映する「コミュニティ・ビデオ」の制作を啓発した[10]。

　彼らの旗印は「ビデオはテレビではない」だった。すなわち,テレビは技術的優位性を独占していながら,視聴者の想像力を喚起しない保守的なメディアとして痛烈に非難された。多くのビデオ・アーティストが,テレビによって再生産されるステレオタイプ (→第 5 章) に異議を呈し,たとえばフェミニズムの立場から女性の自由や解放を主題にした作品も多く制作された。

　彼らは,技術革新に基づく社会変革を先導しようという理想主義的な熱意を共有していたのである。ビデオ・コミュニケーション運動は,いわゆるハッカー文化に多大な影響を与え,アメリカにおけるコンピュータやネットワークの革新につながっていった[11]。

3. メディア・リテラシーの台頭

　また，初期のビデオ・アーティストたちは，ケーブルテレビ（CATV）を通じた放送の機会などを利用して，従来のテレビとは異なる映像流通の回路を模索していった。ビデオカセットが普及するまでは，放送が唯一の配給方法といっても過言ではなかったからである。

（1）北米

　アメリカでは1970年代に入ると，連邦通信委員会（Federal Communications Commission；FCC）がCATV各局に対して，市民が番組枠を持つことを保障するパブリック・アクセスのチャンネルを供給することを義務づけた。その理念は次のようなものである。マスメディアの所有権が一部の企業に集中し，多くの人々はテレビをほとんど受動的に視聴することしかできない。だが，民主主義が効果的に機能するためには，人々が市民の問題に積極的に関わり，より効果的で建設的に行動する必要がある。さまざまな考え方や選択肢について知った上で，人々は，受動的な受け手に留まるのではなく，能動的な送り手にならなければならない[12]。この考え方を支持したのは，地方自治体に根差したCATV業界それ自体だった。そして，全米ネットワーク局よりも地域に密着した関心事を取り上げる情報基盤として，パブリック・アクセスの存在を広く宣伝することで，公共的な精神に溢れていると評価されることにつながったのである。

　送り手と受け手の関係性を組み替えようとするパブリック・アクセスの理念は，同じ頃，隣国カナダで定着しつつあったメディア・リテラシー教育の考え方とも共鳴していた。メディア・リテラシーという概念の広がりについては第13章で詳しく論じるが，アメリカのテレビが生

み出す大衆文化の流入に直面していたカナダでは，こうした観点が
1970年代以降，公教育のなかに真っ先に取り入れられることになる。
トロント大学で教鞭をとっていたマクルーハンの影響もあり，テレビの
社会的影響に注目した若手教師たちが運動を展開した結果，革新政権の
支持を得たことも相まって，すべての州でメディア・リテラシー教育が
実践されるようになった。その中心地であったオンタリオ州，とりわけ
トロントの郊外には，ビデオを使って活動するアーティストたちがい
て，アメリカの影響に向き合う彼らは，メディア・リテラシー教育の推
進者たちと問題意識を共有していた。

　それに対して，アメリカでは，パブリック・アクセスは必ずしもリベ
ラルな市民運動だけでなく，保守系団体も積極的に活用していた。さま
ざまな思想信条がせめぎ合うパブリック・アクセスの存在が，結果とし
てアメリカにおけるメディア・リテラシーの覚醒を促したのだった[13]。

（2）イギリス

　イギリスでは1930年代以降，ファシズムやナチズムによるメディア
宣伝に対する教訓を踏まえて，低俗な大衆文化を氾濫させていると考え
られた映画やラジオを批判的に読み解くメディア教育（media educa-
tion）が，啓蒙的な教養主義の立場から模索されていた。また，1970年
代には多くの芸術系大学でメディア学科が新設され，ビデオ機器が導入
されている。

　その一方，バーミンガム大学に1964年に設立された現代文化研究セ
ンター（Centre for Contemporary Cultural Studies；CCCS）を震源地
として，カルチュラル・スタディーズが台頭する。戦後イギリスを代表
する指導的知識人の1人で，1968年から79年までセンターの所長を務
めたスチュアート・ホールは，1979年から99年まで，放送を通じて高

等教育をおこなうオープン・ユニバーシティに勤務していた。日本の放送大学に相当する教育機関である。成人教育を重視していたホールは，教育者あるいは活動家として，ラジオやテレビ，そしてビデオなどのメディアを駆使して，その思想や実践を広めていった。

　こうしたメディアにホールが着目したのは，送り手と受け手のメカニズムが相対的に自律していることへの気づきが重要だと考えたからである。すなわち，送り手は決して単一の主体ではなく，新聞社や放送局が保有する知識や技術，資源や人材，あるいは紙面や番組を構成するフレームなどによって規定されている。反対に，受け手の立場に応じてさまざまな解釈，あるいは積極的な意味の再生産がなされる。このような考え方は，イギリスのメディア教育の伝統を踏まえつつ，1970 年代に北米で台頭したメディア・リテラシーの教育実践とも共鳴していた。

（3）日本

　1970 年代のテレビ放送がいまだ国家に強く枠づけられていたのに対して，ビデオは明らかに国際的な文化現象だった。日本では 1972 年に「ビデオひろば」という芸術家グループが結成された。1970 年代を通じて，小林はくどうや中谷芙二子が中心となって，欧米では反体制的な対抗文化(カウンター・カルチャー)としての色合いが強かったビデオ・アートを，もっとゆるやかで日常的なコミュニケーションの可能性を探る市民的プロジェクトとして，日本に定着させることを目指した。

　1974 年に『ゲリラ・テレビジョン』を翻訳した中谷芙二子が，それに先立って初めて制作したビデオ作品が，「水俣病を告発する会―テント村ビデオ日記」（1972 年）である。加害企業の本社前で抗議活動をおこなう若者たちを撮影し，その映像をその場で再生してみせるというものだ。一つの作品として完結することを積極的には意図せず，送り手と

受け手の流動化を引き起こし，個人の視点からの反応が促されるような環境づくりを目指していた(14)。こうした活動は近年，アーティストが社会的価値観の変革を促す「ソーシャリー・エンゲイジド・アート」という観点からも再評価されている(15)。

　また，日本における VTR の導入は学校を中心に進み，放送教育のあり方を大きく変えた(16)。1970 年代には校内放送にビデオカメラを用いる学校も増え，後年のメディア・リテラシー教育につながるような，制作や表現を通じた学習活動の可能性がいち早く模索されるようになる(17)。

　さらに全国各地の CATV 局にビデオ技術が導入されたことによって，既存の公共放送や民間放送とは異なる自主放送が活性化したのも，1970 年代のことである。CATV は 1950 年代半ば以降，全国各地に相次いで登場していたが，当時はまだ山間部などでテレビの難視聴を解消するための共同視聴設備として運営されており，町や村で自主放送に取り組んでいた局は数えるほどしかなかった。1972 年，有線テレビジョン放送法が成立し，翌年から郵政大臣による CATV 施設の設置認可制度が始まった。

　このように住民参加の度合いが高く，地域に根差した小さなメディアは，「コミュニティ・メディア」や「地域メディア」，後には「市民メディア」とも呼ばれ，マスメディアとの緊張関係のなかで発展を遂げていくことになる。そして 1980 年代半ば以降にマクルーハンの再評価が進み，1990 年代を通じてメディア論という学問領域が次第に輪郭を帯びてくるなかで，「パブリック・アクセス」や「メディア・リテラシー」「コミュニティ・メディア」といった，実践的な概念も，そのなかに織り込まれていくことになる。

4. メディア実践の可能性と限界

　1920 年代以降，イタリア未来派はファシズムに接近していったが，1980 年代以降にメディア環境が変容するなかで，新しい技術に対する未来派の積極的な洞察が再評価されるようになった。それはマクルーハンの再発見とも軌を一にしていた。

　もっとも，本章で見てきたビデオ・アートや CATV などの実践を下支えしていたメディア技術と，現在のデジタル・メディア環境のあいだには，決定的な差異が横たわっていることも付け加えておかなければならない。

　本章の冒頭では，20 世紀初頭における未来派の言論や実践をメディア論的想像力の起源の一つとして取り上げた。だが，未来派の前衛的なペインティングが，いかに当時の常識から遠くかけ離れて見えても，彼らは作品を新しいメディアとしてではなく，あくまでペインティングとして語ることに固執していた。それに対して，コンピュータやスマートフォンなどのデジタル・メディアは，その存在自体が前衛的である[18]。

　たとえば，スマートフォンをメディアととらえるならば，ホーム画面に並んでいるアプリは，その一つ一つがコンテンツに相当する。ところが，「電話」「メール」「カメラ」「時計」といったアプリは，それぞれが既存のメディアを模倣したソフトウェアでもある。こうして個々のメディアが非物質化し，ソフトウェアとして横並びになることによって，それぞれの物理的な特性は消滅する。デジタル・メディアの特性について考えるためにはむしろ，ソフトウェアやプラットフォームの特性に向き合わなければならない。

　そこで 2000 年代以降，従来のメディア論の系譜を批判的に踏襲して，「ソフトウェア・スタディーズ」「プラットフォーム・スタディーズ」

112

「フォーマット・スタディーズ」などと呼ばれる新しい研究領域が相次いで開拓されている。もっとも，デジタル・メディアを対象とするこうした研究領域においても，メディアを歴史的にとらえる視点は依然として健在である[19]。目まぐるしく変容するデジタル・メディアの潮流を無闇に後追いするよりも，歴史的知見の豊穣さに目を向けた上で，新しいメディア・リテラシーの射程を見据え，批判的かつ実践的なアプローチを模索していく必要がある（→第 13, 14 章）。

注

(1) マクルーハン（1986），マクルーハン（1987）などを参照。

(2) ロビダ（2007）を参照。なお，宮崎駿監督の映画「天空の城ラピュタ」（1986年）の冒頭には，ロビダの描いた挿絵が用いられている。この映画に登場する「フラップター」，そして「ハウルの動く城」（2004年）に登場する「フライングカヤック」といった乗り物は，ロビダの考案した飛行機械から着想を得ていると考えられる。

(3) 高柳（1986），鳥山（1986：23-24），猪瀬（2013：47）などを参照。

(4) スーヴィン（1991）を参照。

(5) マリネッティ（1985：190）を参照。未来派の全容については，多木（2021）が参考になる。

(6) 吉見（2012：254-260）を参照。なお Carey（1989）は，SF 的想像力からメディア論的思考にいたる未来社会論，ひいてはマクルーハンのメディア論を，近代思想に根づく技術中心主義として厳しく批判した。

(7) ブレヒト（2007）を参照。

(8) ベンヤミン（1999）を参照。

(9) エンツェンスベルガー（1975）を参照。

(10) シャンバーグ，レインダンス・コーポレーション（1974）を参照。

(11) Turner（2006）を参照。なお，ビデオ・アートとメディア・リテラシーの関係について，詳しくは飯田（2021）を参照。

(12) リンダー（2009：29）を参照。

(13) 菅谷（2000）を参照。

(14) 阪本（2008：73-75）を参照。

(15) アート＆ソサイエティ研究センター SEA 研究会編（2018）などを参照。

(16) 佐藤（2019）を参照。

(17) 君田・宇佐美（1975）を参照。

(18) レフ・マノヴィッチは，初期の前衛映画やアニメーション映画などに着目し，このような映画の歴史のなかで顕著に見られる慣習や実践が，データとしてのみ存在し，固有の形を持たないデジタル・メディアの文化と連続していることを強調している（マノヴィッチ 2013）。その反面，マノヴィッチは，現代の文化産業は完全にソフトウェア化しているといい，従来のメディアとの非連続性にも目を向ける。Manovich（2013），マノヴィッチ（2014）を参照。

(19) Mailland and Driscoll（2017），Steinberg（2019），Salter and Murray（2014）などを参照。フォーマット・スタディーズについては，Sterne（2012），日高（2021）などを参照。

参考文献

アート＆ソサイエティ研究センター SEA 研究会編『ソーシャリー・エンゲイジド・アートの系譜・理論・実践：芸術の社会的転回をめぐって』フィルムアート社，2018 年

飯田豊「ビデオを「撮ること」と「視ること」のリテラシー：1960-70 年代における電子映像の民主化」梅田拓也・近藤和都・新倉貴仁編著『技術と文化のメディア論』ナカニシヤ出版，2021 年

猪瀬直樹『欲望のメディア』小学館文庫，2013 年（初版 1990 年）

H・M・エンツェンスベルガー／中野孝次・大久保健治訳『メディア論のための積木箱』河出書房新社，1975 年（原著 1970 年）

君田充・宇佐美昇三『ビデオ時代の校内放送』国土社，1975 年

阪本裕文「メディアに対する批評性：初期ビデオアートにおいて」伊奈新祐編『メディアアートの世界：実験映像 1960-2007』国書刊行会，2008 年

佐藤卓己『テレビ的教養：一億総博知化への系譜』岩波現代文庫，2019 年（初版 2008 年）

マイケル・シャンバーグ，レインダンス・コーポレーション／中谷芙二子訳『ゲリラ・テレビジョン』美術出版社，1974 年（原著 1971 年）

ダルコ・スーヴィン／大橋洋一訳『SF の変容：ある文学ジャンルの詩学と歴史』国文社，1991 年（原著 1979 年）

菅谷明子『メディア・リテラシー：世界の現場から』岩波書店，2000 年

高柳健次郎『テレビ事始：イの字が映った日』有斐閣，1986 年

多木浩二『未来派：百年後を羨望した芸術家たち』コトニ社，2021 年

鳥山拡『日本テレビドラマ史』映人社，1986 年

日高良祐「フォーマット理論：着メロと着うたの差異にみる MIDI 規格の作用」伊藤守編著『ポストメディア・セオリーズ：メディア研究の新展開』ミネルヴァ書房，2021 年

ベルトルト・ブレヒト／石黒英男訳「コミュニケーション装置としてのラジオ」『ブレヒトの映画・映画論』河出書房新社，2007 年（原著 1932 年）

ヴァルター・ベンヤミン／佐々木基一編集解説，高木久雄・高原宏平ほか訳『複製技術時代の芸術』晶文社，1999 年

M・マクルーハン／森常治訳『グーテンベルクの銀河系：活字人間の形成』みすず書房，1986 年（原著 1962 年）

M・マクルーハン／栗原裕・河本仲聖訳『メディア論：人間の拡張の諸相』みすず書房，1987 年（原著 1964 年）

レフ・マノヴィッチ／堀潤之訳『ニューメディアの言語：デジタル時代のアート，デザイン，映画』みすず書房，2013 年（原著 2001 年）

レフ・マノヴィッチ／大山真司訳「カルチュラル・ソフトウェアの発明：アラン・ケイのユニバーサル・メディア・マシン」伊藤守・毛利嘉孝編『アフター・テレビジョン・スタディーズ』せりか書房，2014 年

フィリッポ・T・マリネッティ／細川周平訳「新しい宗教：モラルとしての速度」『ユリイカ』1985 年 12 月号，1985 年（初版 1916 年）

吉見俊哉『「声」の資本主義：電話・ラジオ・蓄音機の社会史』河出文庫，2012 年（初版 1995 年）

ローラ・R・リンダー／松野良一訳『パブリック・アクセス・テレビ：米国の電子

演説台』中央大学出版部，2009 年（原著 1999 年）

アルベール・ロビダ／朝比奈弘治訳『20 世紀』朝日出版社，2007 年（原著 1883
　年）

James W. Carey, *Communication as Culture*, Routledge, 1989.

Julien Mailland and Kevin Driscoll, *Minitel：Welcome to the Internet*, MIT Press,
　2017.

Lev Manovich, *Software Takes Command*, Bloomsbury Academic, 2013.

Anastasia Salter and John Murray, *Flash：Building the Interactive Web*, MIT Press,
　2014.

Marc Steinberg, *The Platform Economy：How Japan Transformed the Consumer
　Internet*, University of Minnesota Press, 2019.

Jonathan Sterne, *MP3：The Meaning of a Format*, Duke University Press, 2012.

Fred Turner, *From Counterculture to Cyberculture：Stewart Brand, the Whole
　Earth Network, and the Rise of Digital Utopianism*, University of Chicago Press,
　2006.

学習課題

最寄りの放送局について調べてみよう

　本章では，1970 年代にテレビの送り手と受け手が乖離し，その緊張
関係のなかでメディア・リテラシーという考え方が発展してきたと述べ
ました。もっとも 2000 年代以降，全国各地の放送局が，主に子供たち
を対象とした局内見学やスタジオ見学，番組制作体験やワークショッ
プ，学校への出前授業などに力を入れています。そのきっかけは，放送
局の不祥事に対する信頼回復，あるいは「テレビ離れ」に対する危機感
など，前向きな理由ばかりではありませんが，多くの放送局で現在，送
り手と受け手のあいだで対話の回路を広げることが目指されています

（ただし，こうした取り組みの多くは，新型コロナウィルス感染症の感染拡大によって，継続が困難な状況に追い込まれました）。

　皆さんがお住まいの地域の放送局では，どんな取り組みがいかなる目的でおこなわれているか，調べてみましょう。

8 | メディアを地理的にとらえる

劉　雪雁

《**目標＆ポイント**》　メディアが持つ空間的バイアス，メディアによって拡張
または圧縮された距離，メディアと場所意識の喪失や生成，メディアと空間
および身体の融合に関する主な文献を取り上げ，同時に知のマップにおける
各研究の位置や知の越境についても触れる。
《**キーワード**》　空間，地球村，ジオ・メディア，ハイブリッド・スペース

1.「場所」や「距離」の再意識化

　2020年12月，新型コロナウイルスの感染拡大対策として，「密閉，
密集，密接」を表した「三密」が「新語・流行語大賞」の年間大賞に選
ばれた。「換気の悪い密閉空間」「多数が集まる密集場所」「間近で会話
や発声をする密接場所」を指す「三密」のほかに，「ソーシャルディス
タンス」や「ステイホーム」などの言葉も候補にあげられ，そのいずれ
もが「場所」や「距離」と関係している。

　空間のなかで生活し，行動している人間にとって，自身の位置を規定
する「場所」や「距離」に関心を持つことは自然な欲求でもあり，古く
からさまざまな探究がおこなわれてきた。テクノロジーの革新やグロー
バル化の進展にともない，特に21世紀に入ってからはモバイル・イン
ターネットの普及，デジタル化の浸透により，人々が持つ時空感覚が大
きく変容し，「場所」や「距離」といった地理の概念から解放されたか
のように思われる。しかし，新型コロナウイルスのパンデミックは，

「場所」や「距離」をふたたび意識させるきっかけとなった。インターネット黎明期の 1993 年にアメリカで創刊され，テクノロジーと社会や文化の関係性を扱う『WIRED（ワイアード）』という雑誌があるが，2020 年 5 月にそのウェブサイトに掲載された記事に，以下のような一節がある。

> 電報，電話，ラジオ，テレビもそれぞれ，場所や距離といったものをどんどん周縁に追いやり，やがてインターネットがすべてを跡形もなく消し去った。結局のところサイバースペースは，どこでもあり，どこでもないのだ。（中略）だが，新型コロナウイルス感染症によって，わたしたちはあらゆる事象が「どこ」で起きているのかを絶えず意識するようになっている。パンデミックが地理の概念を，わたしたちの生活に呼び戻したのだ[1]。

　実際に，メディア論，メディア研究においては，空間（場所，距離）は時間とともにメディアを考察する際に欠かせない軸である。メディアが関与する空間，メディアを経験する空間は，それが現実のものであれ象徴的なものであれ，常に中心的な主題となっている。イギリスの代表的なメディア研究者の 1 人，ロジャー・シルバーストーンは，「自分たちが何処にいるかを知ることは，自分たちが誰であるかを知ることと同じくらい重要」だと述べている。この言葉にしたがって，8 章から 12 章にかけては，研究者の出自やどこで何をしてきたかの来歴の説明を加えることにしよう。シルバーストーンはもともと地理学の出身で，大学卒業後，編集者や BBC のディレクターなどを経て，ロンドン・スクール・オブ・エコノミクス（LSE）で社会学の博士号を取得した。その後，各地の大学で教鞭をとり，『テレビジョンと日常生活』（原題は

Television and Everyday Life, 1994, 未邦訳）をはじめ，視聴空間としての「家庭」に注目した一連のテレビジョン研究，オーディエンス研究で成果をあげた。1998 年には母校（LSE）大学院でメディア・コミュニケーション研究科を創設し，初代科長を務めている。それに合わせて執筆した『なぜメディア研究か』という教科書では，実在としての場所が世界のなかで私たちの行為を制約するだけではなく，メディアが私たちの到達範囲を拡大する力を持っているため，「どこに」という問いと「誰が」という問いは複雑に入り組んでいると指摘した。シルバーストーンがいうように，メディアは世界への窓を提供してくれるが，それは次第に単なる窓ではなくなり，メディアは直接的・物理的な世界を超えたところ（仮想空間）で行為する私たちの能力を拡張させたのである[2]。

　本章では，空間論的な視座からメディアに焦点をあてた文献を取り上げながら，メディアはどのような空間を私たちに提供し，そうした空間は私たちの位置をどのように規定し，私たちの認識や行動にどのような影響を与えるのかを考えていく。これらの文献はまた，このあとの四つの章（第9章から第12章）の内容を理解する手がかりにもなる。

2. イニス，マクルーハンのメディア論と「空間」の問題

（1）ハロルド・イニス──**時間的バイアスと空間的バイアス**

　カナダの経済地理学者ハロルド・イニスは，オンタリオ州の農場で生まれ育った。地元のマクマスター大学を卒業したのちに兵役に服し，第一次世界大戦で戦うためにカナダ遠征軍の一員としてフランスに派遣された。復員後，イニスはマクマスター大学で修士課程を終え，1920 年にアメリカのシカゴ大学で経済学の博士号を取得した。イニスの博士論

文『カナダ太平洋鉄道の歴史』は，鉄道がいかに水運に頼っていた社会の仕組みを変え，北米大陸の北半分における西洋文明の普及を促進したかについて，経済史の視点から論述した。

　イニスがシカゴ大学にいる間，のちにシカゴ学派社会学と呼ばれ，アメリカの社会学界に多大な影響を及ぼした社会学者たちの研究活動がさかんにおこなわれていた。イニスはシカゴ学派の代表的な学者であるロバート・パークやG・H・ミードの授業を受けたことはなかったが，コミュニケーション技術が社会の構造や機能を理解するために重要であるという考え方に影響を受けた[3]。

　カナダのトロント大学政治経済学部で教職に就いたイニスは，毛皮貿易，材木産業，タラ漁業などカナダと世界をつなぐ物的交通の「産業」研究で多くの成果をあげ，経済史の分野において高い影響力を持ったが，パルプと製紙産業の研究をきっかけに，イニスは人生最後の10年間でコミュニケーション・メディア研究に取り組んだ（マクルーハンはこの期間を「後期イニス」と呼ぶ）。そして『帝国とコミュニケーション』（原題は Empire and Communication, 1950, 未邦訳）と『メディアの文明史』において，イニスはコミュニケーション・メディアが持つ時間的バイアスと空間的バイアスという概念を打ち出した。

　イニスによると，時間に偏向（バイアス）したメディアは，ヒエログリフ（神聖文字）が刻まれた古代エジプトの石碑，象形文字が書かれた粘土板，ラテン語の羊皮紙写本といったような重くて巨大なもので，長持ちするが，ある場所からほかの場所への移動が容易にできない。しかも，こうした難解な文字も含む「重いメディア」を使用できるのは権力を持つ一部のエリート階層に限られ，知識の独占は政治的組織の成長を阻害した。このようなメディアは時間を支配することに適するが，空間を支配することに向かない。それに対して，空間に偏向したメディアは

パピルスや紙に代表されるような「軽いメディア」であり，耐久性はないが簡単に輸送可能である。さらに，これらのメディアに書かれた「アルファベット」型の文字は習得にそれほど時間がかからない。軽いメディアは伝播性があるため知識の独占構造を打破し，長い距離を越えて広大な空間を支配する政治的権力を発展させることができる。イニスは，社会の進歩は時間的バイアスから空間的バイアスへのメディアの重心移動をともなってきたと考えた。また，強大なエジプト文明の周辺部にいる境界人たちがアルファベットを発明して普及させた事例をあげ，中心ではなく周縁から変化をもたらしたことに注目し，歴史の動きを「空間」からとらえたのである。

（2）マクルーハン──グローバル・ヴィレッジ（地球村）

　イニスは主にメディアが社会組織や文化に与える影響に関心を持っていたが，彼に刺激を受け，コミュニケーション技術が人間の身体や感覚を拡張させたと論じたのは，同じくトロント大学で英文学を教えていたマーシャル・マクルーハンである。

　カナダのアルバータ州エドモントンで生まれ，マニトバ州ウィニペグで育ったマクルーハンは，地元のマニトバ大学で土木工学と文学を学び，さらにイギリスのケンブリッジ大学に留学した。のちにケンブリッジ大学で英文学の博士号を取り，アメリカの大学で教えたあと，トロント大学に移った。マクルーハンはメディアについて数多くの概念を提示し，電子メディアが世界を一つの村ないし部族に縮小するという「地球村」もその代表的な概念の一つである。

　1962 年に出版された『グーテンベルクの銀河系』のなかで，マクルーハンはフランス生まれの生物学者ピエール・テイヤール・ド・シャルダンの文章を引用した。ド・シャルダンは，「あたかも自己拡張を行

うかのように人間はおのがじし少しずつ地球上に自分の影響力の半径を拡げていき，その反面，地球は着実に収縮していった」と指摘し，鉄道，自動車や航空機といった手段を通して，各人の身体的影響の及ぶ範囲は数マイルから何百マイル以上に拡大したが，さらに電磁波の発見によって「各個人は海陸をとわず，地球のいかなる地点にも（能動的に，そして受動的に）自らを同時に存在させることができるようになった」と，その著書『現象としての人間』に書いた。それを踏まえ，マクルーハンは「電磁気をめぐる諸発見が，すべての人間活動に同時的『場』を再創造し，そのために人間家族はいまやひとつの『地球村』とでもいうべき状態のもとに存在していることは確かなのだ」[4]と，ラジオやテレビのような電子メディアにより空間的に分散している無数の個人が瞬時に結びつけられ，コミュニケーションをおこなう際の場所や距離の障壁が取り払われ，全面的な相互依存の時代が始まると予言した。

（3）欧米，アジアにおけるマクルーハンの受容

1964 年に『メディア論』を出版してから，マクルーハンの名は一躍世界にとどろいた。彼の本は難解だが，そのユニークな議論と謎めいた言葉がブームを巻き起こし，ベストセラーになった。マクルーハン人気の頂点だと思われる 1969 年には，『メディア論』だけでハードカバー，ソフトカバー合わせて 11 万部近くを発行し，ドラッグストアでも売られていた[5]。欧米の雑誌や新聞は彼に関する報道，論評，インタビューを数多く掲載し，1969 年 3 月『プレイボーイ』の長編インタビューは特に広く知られた[6]。また，マクルーハンは数々のラジオやテレビ番組に登場し，彼が出演する 1 時間番組まで放映された。

マクルーハンがマスコミにもてはやされる一方，アカデミズムの内部では，彼の考えは論理的ではない，著作が科学の正当な手法を踏襲して

いない，議論が歴史への視座を欠いているなどの理由で疎外され，批判されていた。1960年代後半，メディアに関係する研究領域において，アメリカでは社会心理学的なマス・コミュニケーション研究がすでに学問として体系化され，イギリスを拠点に展開されるカルチュラル・スタディーズというメディア文化研究も生まれつつあった。アメリカやイギリスに対し，カナダのトロントは地理的に周縁に位置するだけではなく，のちに「トロント学派」と呼ばれるイニス，マクルーハンの理論は学問の「主流」から外れたものだとみなされていた[7]。自分に向けられた厳しい批判に対して，マクルーハンは「われわれの文化においては，一つ固定した場所に止まっている限りは歓迎すべき者とみなされる。だがいったん周辺に動き出し境界を横切り始めると，不届き者と見なされ，非難の格好の的となる」[8]と反論していた。

　マクルーハンブームは1970年代初頭に退潮し，当初トロント大学がその業績を評価して設立した「マクルーハン文化とテクノロジーセンター」も，1980年にマクルーハンの死去とともに閉鎖された（1983年に再開）。しかし，1990年代に入ってからニューメディア，マルチメディアなどが話題になり始めると，電子メディアは脱中央集中的な親密な関係を容易に結ぶことができ，境界のない空間が世界規模で実現できるというマクルーハンの予言が理解されるようになった。マクルーハンブームが再来し，本章の冒頭にも取り上げた雑誌『WIRED（ワイアード）』は1993年1月，創刊号でマクルーハンを「守護聖人」と称したほか，アカデミックなメディア研究のなかでもマクルーハンを再評価し，トロント学派を研究系譜の一つとして考える動きが出てきた[9]。インターネットが生活に定着した21世紀になると，マクルーハンは「偉大なメディア理論家」として再認識され，その著書もメディアを学び，研究する際の必読書となった。特にマクルーハン生誕100年を迎えた

2011 年に，世界各地で数多くの記念イベントが開催された。

　1960 年代後半に欧米を吹き抜けたマクルーハン旋風は，日本にも影響した。『メディア論』が翻訳され，『マクルーハン入門』などの解説書が出版されたが，その他の論文や関連文献はほとんど邦訳されていないにもかかわらず，「新聞や雑誌の記事は面白おかしく風俗として取り上げたり，あまりの過熱に警鐘を鳴らしたりする」などマクルーハンは大きな話題となり，「もっとも熱いまなざしを注いだのが，ラジオ・テレビ・ジャーナリズム関係者，広告宣伝関係者たち」だった[10]。その後ブームが消え去ったことやマクルーハンへの再評価，再認識の時期，アカデミズム界の批判から理解，評価への転換といった反応もほぼ欧米と同じである。

　中国大陸では 1978 年の改革開放とともに国外との学術交流が再開され，間もなくアメリカのマス・コミュニケーション研究が導入されて，従来の新聞学，道具論とともにメディアに関する研究の主流として定着した[11]。1980 年，訪問研究員としてアメリカ・インディアナ州のゴーシェン大学を訪れた四川外国語学院の英語教師，何道寛（カ ドウカン）は，初めて『メディア論』を読み，マクルーハンの思想を中国に紹介しようと決心した。のちに深圳（シンセン）大学の英文学教授となった何道寛は，1990 年代から 2010 年代にかけて『メディア論』をはじめとするマクルーハンのほぼすべての著作，マクルーハン研究本や伝記，またトロント学派のほかの研究者の著作など計十数冊を中国語に翻訳した。マス・コミュニケーション研究やメディア研究におけるマクルーハン理論の受容過程をふり返ってみると，マクルーハンの言説が難解で読み取れない「天書」ととらえられ，また欧米のアカデミズムの批判に影響されたこともあり，1990 年代はマクルーハンに対するマイナス評価が多かった。だが 2000 年代以降，中国における電子メディアの急速な発展により技術への信奉

が強まり，同時に世界的なマクルーハン再認識のブームにも乗り，一転してマクルーハンは無批判に称賛される対象となった。しかし，マクルーハンのメディア論は若い研究者を中心に注目されるようになったが，体系化された中国のマス・コミュニケーションとメディア研究領域での位置取りがむずかしく，今日の社会状況に接続する継続的な研究が展開されていないために，依然として周縁的な存在である。

　一方，「地球村」の概念は，マクルーハンの名を知らない一般の人々のあいだにも浸透している。2008 年 8 月 8 日の北京オリンピック開会式で，地球を表した巨大な特設舞台に立つイギリスのソプラノ歌手サラ・ブライトマンと中国の歌手劉 歓（リュウホアン）が一緒に大会テーマソングを歌ったが，冒頭の歌詞は「我和你，心連心，同住地球村（私とあなた，心は一つ，同じ地球村に住んでいる）」となっている[12]。

3. 電子メディアと場所感の喪失，生成

　トロント学派の流れを汲み，電子メディアによる社会的空間の変容を場所と結びつけて考察したのは，アメリカのメディア学者ジョシュア・メイロウィッツである。1970 年代末，メイロウィッツはメディアの変化が社会環境をどのように変えるか，社会環境の変化が人々の行動にどのような効果をもたらすかを研究する際に，二つの理論からヒントを得た。一つはアメリカの社会学者アーヴィング・ゴフマン（ちなみにゴフマンもカナダ出身で，トロント大学卒，その後シカゴ大学の大学院に進学した）の「状況論」である。ゴフマンは対面的相互行為を研究し，人々は社会生活の舞台でさまざまな役割を演じており，それぞれの状況，たとえば公的（「舞台上」）なのか私的（「舞台裏」）なのかに応じて異なるパフォーマンスをすると論じた。もう一つの理論は，メディアを

126

人間の感覚や作用の拡張として分析し，電子メディアが広範な社会変化をもたらすと予測したマクルーハンのメディア論である(13)。メイロウィッツは隔たった「この二本の理論の撚り糸から一枚の布を織り上げ」，電子メディアがかつて強固だった物理的場所と社会的「場所」の関係を弱めたことによる影響を分析した博士論文をまとめた。1985年に出版した『場所感の喪失──電子メディアが社会的行動に及ぼす影響』は，ニューヨーク大学に提出されたその博士論文の増補版である。

　メイロウィッツによれば，伝統的な社会秩序では，人々は年齢，性別，学歴，階級など多くの異なる属性によって分離され，「舞台上」の行動と「舞台裏」の行動にはっきりした区別があり，相補的な役割を演じることが許されていた。しかし電子メディア，とりわけテレビの登場により，「情報は壁を通り抜け，膨大な距離を瞬時に超えてしまうため，物理的に縛られた空間は以前よりも重要でなくなっている。そのため，人がどこにいるのかということと，人が何を知り，経験しているのかということとの関係は，だんだん小さなものになっている。電子メディアは社会的相互行為にとっての時間と空間の意味を変えてしまった」のである。電子メディアが多くの異なるタイプの人々を同じ「場所」に連れ込むことによって，以前は明確だった多くの社会的役割の違いも不鮮明になった。「電子メディアが私たちに影響を与えるのは，その内容によってというよりも，むしろそれが社会生活の『状況地理学』を変化させたことによってなのである」とメイロウィッツは論じた(14)。

　彼は『場所感の喪失』のなかで，テレビに代表される電子メディアは各状況間の距離をなくし，個々人のそれらの状況での行動も似たものになると分析し，古い「場所感」を失うにつれて，社会が均質化していくと指摘している。しかし同書の刊行から20年後の2005年，インターネットや携帯電話など新たな電子メディアの普及により社会や日常のあ

り方が大きく変貌してきた状況に向き合ったメイロウィッツは,「グローカリティの出現——グローバル・ヴィレッジにおける新しい場所感とアイデンティティ」と題した論考を発表した。メイロウィッツは, 電子メディアは物理的場所と社会的場所を分離させていくというかつての予測を修正して, 新たな場所感の生成を考察した。彼によれば, 電子メディアの浸透が必ずしも場所感そのものを消滅させ, さまざまな差異を均質化させるばかりではなく, 電子メディアによって実在する場所とは異なる新しい場所感覚が創出されるという。たとえば, いまや数百ものテレビチャンネル, ケーブルネットワーク, 衛星システム, そして無数のウェブサイトによって, 高度工業化社会の平均的な市民たちは（およびそれほど高度化されていない社会の多くの人々も）, 他の人々, 他の都市や国々, 他の職業, そして他のライフスタイルについて, 数多くのイメージを頭の中に持っている。これらのイメージは, それぞれが場所感を知覚するときに参照する, 想像の他所を形成するのに役立っている。この意味において, すべてのメディアは——その当初の目的や設計とは関わりなく——心理上の"グローバルな位置づけシステム"として機能」する[15]。

4. ジオ・メディアとハイブリッド・スペース

かつてメイロウィッツは『場所感の喪失』のなかで, 電話やテレビなどの電子メディアが建物や部屋などの物理的場所の境界を破壊し侵入してきたと述べた。しかし 21 世紀の今, デジタル技術は都市のあらゆる場所に拡散し,「地理的・建築的な空間であるはずの都市そのものが, 実質的にデジタルな空間として再編成され, メディア空間と建築空間の境界線を限りなくぼやけさせている」。すなわち, 私たちが経験してい

るのは，さまざまなメディアが都市という物理的場所のなかに溶け出していった状況以上に，都市がメディアのなかに溶け出していく状況なのである[16]。

このように，物理的場所だけではなく，私たちの身体的活動もメディア技術と融合していく状況を分析するには，新しい概念枠組みが必要となる。オーストラリア・メルボルン大学のメディア学者スコット・マクワイアは，「ジオ・メディア」（Geomedia）という概念を用いて，メディア化された空間が社会生活にもたらす変化と影響をとらえ，デジタル・メディアが人々を「場所」から解放したと同時に，たえず「場所」を作り出していき，人々の日常生活を再編成している現象を分析した。マクワイアは，ジオ・メディアの概念をユビキタス，位置情報，リアルタイムフィードバックと融合という，お互いに関連し交差する四つの次元に分けて考えた。性質が異なるさまざまな技術（たとえば設備，プラットフォーム，デジタル・スクリーン，OS，ソフトウェア，ネットワークなど）が新たなメディアランドスケープを形成し，コミュニケーションにおける媒介性（media）と直接性（immediacy）の関係を一層複雑化した，とマクワイアは述べている。

彼は，Google ストリートビューがリアルの都市空間をデータベースに変換したことは，人々のオンライン・オフライン世界の差異に関するイメージを根本的に変えたと指摘した。Google がストリートビューのデータベースを作るプロセスにおいて，本来いかなる個人にも所有されていない都市空間という公共財を商業価値に転化して会社に巨大な利益と権力をもたらした。ジオ・メディアと都市の公共空間の新たな関係は，私たちがデジタル技術を理解する際の最も重要な問題となっているが，現在，デジタル技術は資本や権力側の論理だけで語られることが多い。しかし，マクワイアは，ジオ・メディアによる都市の公共空間の再

構築には多様な可能性もはらんでいると考える。たとえば，イギリスの
デジタルアート・グループ「ブラスト・セオリー（Blast Theory）」が
考案した「ライダー・スポーク（Rider Spoke）」というプロジェクトが
ある。パフォーマンス，ゲームプレイ，インタラクティブ技術を組み合
わせたこのプロジェクトは，2007年10月にロンドンでのパフォーマン
スを皮切りに世界の多くの都市でおこなわれた。参加者は専用のモバイ
ルデバイスを自転車のハンドルに装着して，街を走りながらデバイスか
ら自分の人生に関する質問を受け，その答えを隠すために最適な場所を
探す。隠す場所を見つけると，そこでメッセージを録音する。録音デー
タは位置情報として保存され，のちに近くを通る見知らぬほかの参加者
と共有できる[17]。マクワイアは，「ライダー・スポーク」のように，市
民たちは通信会社やメディアグループによって作り出された位置情報
サービスのたんなる受け手としてではなく，都市空間にある各場所に自
らが作り出した位置情報を重ね，共有し，共通点を探し出す「参与式公
共空間」を創出することで，多様性のある新しい共同体の形成につなが
ると論じた[18]。

　一方，ブラジル出身でアメリカ・ノースカロライナ州立大学教授のア
ドリアーナ・デ・スーザ・エ・シルバは，都市のネットワーク空間に組
み込まれているモバイル・メディアが都市空間での移動を可能にした
り，制約をかけたりすることに注目している。都市を歩き回っていると
きにモバイル・コミュニケーション技術で他者と常時つながっている体
験を，シルバは「ハイブリッド・スペース（Hybrid space）」という概
念で説明した。すなわち，私たちの日常はもはや物理的でもバーチャル
でもない「合成物（hybrid）」になっており，社会空間や社会的相互作
用，そして移動も，物理的空間とデジタル空間を横断して存在すること
になる。彼女は，日常生活に欠かせないスマートフォンを中心とした多

目的型の携帯型情報端末を「インターフェイス（interface）」としてとらえる。「大まかに言えばインターフェイスとは，二つの異なった部分，もしくはシステムの間にある何か（something）であり，両者がお互いとコミュニケーションをとり，相互作用を及ぼしたりすることを促す何かを意味している。インターフェイスは，二つのグループ間のつながりを生む何かである一方で，システムの一部分を構成し，その相互作用に影響を与えるのである」。

　ハイブリッド・スペースでの生活は，生活空間での体験やその周辺の移動，それに都市での人間関係の築き方を変える。シルバは，ハイブリッド・スペースを体験する創造的な方法（たとえば遊びやアートを通じて発展した実践）に特に注目してきた。空間を創造的に体験することで，本来出会う機会のなかった同じ趣味の人と会うことができて新しい種類の交流が生まれたり，文化や都市の地理，社会経済，ジェンダー，人種間格差，権力の不均衡による移動体験の違いを理解したりすることができる[19]。

　アルゼンチン出身の作家ホルヘ・ルイス・ボルヘスはその短編集に，ある帝国で地図づくりの技術が完璧といえるほどに発達し，最終的に地図師たちはすべての点と点を対応させた帝国の大きさと同じサイズの地図を作り上げるというおとぎ話を書いたことがある[20]。情報の精度がますます高まり，人々の24時間の活動や移動軌跡が無数のデジタル・メディアによって記録され，刻印されていくことが日常化している今は，もはやボルヘスの「帝国の地図」と同じような状況になりつつある。物理的場所とデジタル技術と私たちの身体的活動が融合していくメディア環境を把握するには，マクワイアもシルバも強調したように，空間に関与し，空間を創造的に体験することが不可欠であろう。

注

(1) Wolman（2020）を参照。

(2) シルバーストーン（2003）を参照。

(3) Carey（1981），およびマクルーハンがイニス（1987）のために書いた序文を参照。

(4) マクルーハン（1986）を参照。

(5) 香内（2005）を参照。

(6) 『プレイボーイ』は，エロチックな内容だけではなく世界的な人物へのインタビューも掲載していた。このインタビューで，マクルーハンは彼の思想を「例外的にわかりやすく説明」していた。エリック・マクルーハンほか（2007）を参照。

(7) トロント学派も含むメディア論の系譜について，水越（2014）第 6 章，水越・飯田・劉（2018）第 5 章に詳しく取り上げられているので参考にしてほしい。

(8) マクルーハン（2002）を参照。

(9) アメリカのコミュニケーション学者エベレット・ロジャーズは，イニスとマクルーハンを「技術決定論者」として取り上げ，コミュニケーション技術への注目を呼びかけ，さらにコミュニケーション学を普及させたことに大きく貢献したと論じた。Rogers（1997）を参照。

(10) マクルーハン，カーペンター（2003）の解説およびマクルーハン（1987）の訳者あとがきを参照。

(11) 中国におけるマス・コミュニケーション研究の受容について，水越・飯田・劉（2018）第 8 章に詳しく取り上げられているので参考にしてほしい。

(12) 英語の歌詞は "You and me, from one world" となっており，Global village の語は使われていない。

(13) 2016 年 10 月，トロント大学マクルーハン文化とテクノロジーセンター主催の国際カンファレンス「トロント学派：過去・現在・未来」において，メイロウィッツは，マクルーハンへの批判が激しかった時代にその理論を土台にした『場所感の喪失』を発表したことで（マス・）コミュニケーション研究者から冷遇された経験をふり返った。村田ほか（2016）を参照。

(14) メイロウィッツ（2003）を参照。

(15) 山口（2013）を参照。

(16) 吉見（2015）を参照。

(17) Rider Spoke を参照。

(18) McQuire（2016），麦夸尔（2019）ほかを参照。

(19) 情報通信学会モバイル・コミュニケーション研究会（2021），光岡（2015）を参照。

(20) ボルヘス（2018）を参照。

参考文献・情報

ハロルド・A・イニス／久保秀幹訳『メディアの文明史：コミュニケーションの傾向性とその循環』新曜社，1987年（原著1951年）

香内三郎「イニス，マクルーハンのメディア・コミュニケーション理論の位置（I）：マス・コミュニケーション研究を照射する鏡として」『コミュニケーション科学』23号，東京経済大学コミュニケーション学会，2005年12月

情報通信学会モバイル・コミュニケーション研究会 モバイルメディア社会と「セカンドオフライン」現象に関する社会学研究グループ（関西大学研究拠点形成支援経費）「国際シンポジウム2020 Doubling of Reality Everyday Lives in Post-Mobile Society ポスト・モバイル社会における日常生活　報告書」2021年3月

ロジャー・シルバーストーン／吉見俊哉・伊藤守・土橋臣吾訳『なぜメディア研究か：経験・テクスト・他者』せりか書房，2003年（原著1999年）

ホルヘ・ルイス・ボルヘス，アドルフォ・ビオイ＝カサーレス／柳瀬尚紀訳『ボルヘス怪奇譚集』河出文庫，2018年（原著1967年）

エリック・マクルーハン，フランク・ジングローン編／有馬哲夫訳『エッセンシャル・マクルーハン：メディア論の古典を読む』NTT出版，2007年（原著1995年）

M・マクルーハン，E・カーペンター／大前正臣・後藤和彦訳『マクルーハン理論：電子メディアの可能性』平凡社，2003年（原著1960年）

M・マクルーハン／森常治訳『グーテンベルクの銀河系：活字人間の形成』みすず書房，1986年（原著1962年）

M・マクルーハン／栗原裕・河本仲聖訳『メディア論：人間の拡張の諸相』みすず書房，1987 年（原著 1964 年）

マーシャル・マクルーハン，エリック・マクルーハン／中澤豊訳『メディアの法則』NTT 出版，2002 年（原著 1988 年）

水越伸『改訂版 21 世紀メディア論』放送大学教育振興会，2014 年

水越伸・飯田豊・劉雪雁『メディア論』放送大学教育振興会，2018 年

光岡寿郎「メディア研究における空間論の系譜：移動する視聴者をめぐって」『コミュニケーション科学』41 号，東京経済大学コミュニケーション学会，2015 年 3 月

村田麻里子・土屋祐子・宮田雅子「参加報告：『トロント学派：過去・現在・未来』」『5：Designing Media Ecology』06，『5』編集室，2016 年

ジョシュア・メイロウィッツ／安川一・高山啓子・上谷香陽訳『場所感の喪失（上）：電子メディアが社会的行動に及ぼす影響』新曜社，2003 年（原著 1985 年）

山口誠「『ここ』を観光する快楽：メディア時代のグローカルなロケーション」『観光学評論』Vol.1-2，2013 年

吉見俊哉「多孔的なメディア都市とグローバルな資本の文化地政」石田英敬，吉見俊哉，マイク・フェザーストーン編『デジタル・スタディーズ【第 3 巻】メディア都市』東京大学出版会，2015 年

J.W. Carey, "Culture, geography and communications：The work of Harold Innis in an American context" In W.H. Melody, L. Salter,（eds）*Culture, communication and dependency：The tradition of H.A. Innis*, Norwood, N.J.：Ablex, 1981.

Scott McQuire，Geomedia：Networked Cities and the Future of Public Space, Polity Press, 2016.

Everett M. Rogers, A History of Communication Study：A Biographical Approach, New York, the Free Press, 1997.

斯科特・麦夸尔／潘霁译《地理媒介：网络化城市与公共空间的未来》复旦大学出版社，2019 年（『ジオメディア：ネットワーク都市と公共空間の未来』）

David Wolman「パンデミックによって，わたしたちは『場所や距離』を意識する
　時代へと回帰する」
　　https://wired.jp/2020/05/26/amid-pandemic-geography-returns-with-a-vengeance/
何道寛等《数字时代阅读报告第七期（麦克卢汉百年诞辰专刊）》2011 年 7 月（『デ
　ジタル時代読書報告第 7 期（マクルーハン誕生百年特集))
　　http://ishare.iask.sina.com.cn/f/17536021.html
Rider Spoke　https://www.blasttheory.co.uk/projects/rider-spoke/

学習課題

古典紹介

●ハロルド・A・イニス／久保秀幹訳『メディアの文明史：コミュニ
　ケーションの傾向性とその循環』ちくま学芸文庫，2021 年（原著
　1951 年）

　　石碑や粘土板から印刷，ラジオまで，イニスは長い文明史の射程で
　コミュニケーション・メディアが持つ時間的・空間的バイアス＝傾向
　性とそのせめぎ合いを論じ，メディアの特性が文化や社会に対する意
　味を比較した。マクルーハンにも影響を与えたメディア論の先駆者が
　書いた名著である。

9 | 観光：空間の再構築とまなざしの編成

劉　雪雁

《**目標＆ポイント**》　19世紀における鉄道や蒸気船をはじめとする交通機関の発達は，人々の距離感覚や空間感覚を劇的に変え，近代観光を成立させた。20世紀60年代に旅客機の定期就航はマス・ツーリズム時代の到来につながった。本章では，観光の発展にともなう旅行者と空間の関係性の変化を振り返る。また，観光のまなざしの変容に，新聞，雑誌，インターネット，携帯電話などのメディアがどのようにかかわってきたかについて取り上げる。
《**キーワード**》　パノラマ風の旅行，トーマス・クック，場所の消費

　近代観光は資本主義の発展とともに成長してきた。一般大衆の所得向上と余暇時間の増加，鉄道をはじめとする交通機関の発達は，マス・ツーリズムが展開する土台となった。現代では，国際航空旅行の普及にともない，世界各地を訪れる観光客の数が急激に拡大してきた。

　スペインのマドリードに本部を置く国連世界観光機関（UNWTO）は，観光分野における世界最大の国際機関である。その調査によると，新型コロナウイルスのパンデミックの影響で，2020年5月の時点で世界72％の国・地域が観光客に対し国境を完全に閉鎖した。このような広範囲にわたる渡航制限と前例のない観光需要の減少により，2020年の国際観光客到着数は前年に比べて10億人も減り，「世界の観光は史上最悪の年を迎えた」。この危機により，国際観光収入は約1.3兆米ドル（約135兆円）減少し，観光に関わる1億から1億2000万人の雇用が危険にさらされたとUNWTO世界観光指標（World Tourism Barometer）は示している。日本においても，2020年の訪日客数は前年比87％減の

411 万人であり，政府が目標としていた 4000 万人の 1 割にとどまり，訪日外国人旅行者に支えられてきた宿泊，飲食，交通，土産などの観光関連産業は大打撃を受けた[1]。

　以上の数字からは，普段地球上を移動する観光客の数がどれだけ多かったかを読み取れると同時に，観光が経済を牽引する巨大な産業であることをあらためて認識することができる。では，観光という社会現象はどのように誕生し，そして今日のような形に発展してきたのだろうか。

1. 探検と「発見」の旅

　旅にあたる英語の travel という言葉は，「骨折り，労働，苦痛」を表す中世の古フランス語 travail に由来する。近代以前の旅，それは聖地巡礼の旅にしても貿易の旅にしても，途方もない距離を歩かなければならず，常に危険や疫病などの苦労や苦痛をともなうものであった。旅に関する情報も乏しく，旅行者たちが残した旅行記には神話や伝説，架空譚が多く含まれ，正確さを欠いていたが未知の地への関心を刺激するものとして人々を魅了していた。13 世紀にシルクロードを旅したヴェネチア商人のマルコ・ポーロがアジア諸国での見聞を記録した『マルコ・ポーロ旅行記』（『東方見聞録』）は，さまざまな言語に翻訳され，今日少なくとも 138 種の写本が存在する。活版印刷術が発明される前の写本は，書き写しや翻訳の際にミスが頻発し，版ごとの食い違いが非常に多かったが，『マルコ・ポーロ旅行記』はのちの大航海時代に大きな影響を与え，イタリア人航海家コロンブスも初期印刷版の一冊を持っていた[2]。

　地図製作の技術と造船技術の進歩にともない，15 世紀にヨーロッパ

人は地中海世界の外側，すなわち未知の領域である非ヨーロッパ地域への探検を開始した。若林幹夫が指摘したように，特定の土地空間に強く結びつくのではなく，より広い空間を活動の場とする人々は，広域的な空間の全体性を把握するために，土地や空間に関する情報を地図的空間として統合する必要がある[3]。大航海時代の地図は，このように地理的知識を可視化し，航海中に目的に向かって迷わずなるべく安全に進むための手がかりとして使われていた。同時に，地図は彼方にある広大な世界への想像や好奇心をかき立てるメディアであり，ヨーロッパ人による「発見」や「征服」の成果を広く告知するメディアでもあった。ここで注意すべきなのは，地図は誰かの目を通して見た世界であるため，「見るもの（主体）」と「見られるもの（客体）」，「支配する者」と「支配される者」が存在し，地図的な視線には政治的・経済的な諸関係をめぐる非対称な力関係が常に存在していることである。

　17 世紀から 18 世紀にかけて，イギリス貴族のあいだで遊学旅行が流行した。息子を国際社会に通用する紳士に仕立てるために，当時の文化的先進国であったフランスとイタリアを中心に，家庭教師や御者，従者，牧師などをともなってヨーロッパ各地を数年かけて回遊するグランド・ツアー（The Grand Tour）は，イギリス貴族の通過儀礼として確立された。イギリスから船でドーバー海峡を横断し，ヨーロッパ大陸内の移動には馬車が使われ，宿泊はホテルだった。各種の書類をそろえ，現地での案内人なども整えられたグランド・ツアーは，旅行者を苦労や苦痛から脱却させた。しかし莫大な費用がかかるため，旅行は限られたエリートのみ享受できる一種の地位の象徴でもあった。旅行の大衆化は，19 世紀半ばから後半にかけての鉄道の発達を待たなければならない。

2. 鉄道旅行が変えた空間感覚と風景

　19世紀における鉄道旅行の発達が，人々の移動に便利さや快適さを
もたらした。同時に，鉄道という新しい技術が導入された結果，人々の
空間・時間の知覚のあり方が大きく変容したと，ドイツ出身の歴史学者
ヴォルフガング・シヴェルブシュは『鉄道旅行の歴史——19世紀にお
ける空間と時間の工業化』のなかで論じている。シヴェルブシュによれ
ば，鉄道発明以前には，旅行者は場所から場所へと風景のなかをたどっ
ていったため，「旅人にとって地理的関係は，風景の変化で次第に作ら
れてきた」もので，空間の連続性を持っていた。旅行者と馬車は風景と
一体化し，身体的感覚（五感）で空間の隔たりをじかに感知していた。
しかし，鉄道旅行となると，風景のなかを突っ走る列車の速度と直線的
に伸びる線路は，旅行者と彼／彼女が通過する空間とのあいだにかつて
存在していた親密な関係を破壊する。旅行者は「遠いものも近いものも
包含している『全体空間』」から抜け，車窓から風景を眺めることで，
旅行者と風景の関係は「見るもの（主体）」と「見られるもの（客体）」
へと分離された。速度という「実体なき境目」が両者のあいだに入り込
み，絵巻物またはシーンの連続により，パノラマのように繰り広げられ
る奥行きを失った風景は，それを眺める旅行者と同一空間に属さない
「別世界」となってしまう。シヴェルブシュは旅行者のまなざしが主体
となったこの旅行方式を「パノラマ風の旅行」と呼ぶ。

　19世紀後半になると，近代的交通網による資本主義世界の再構築が
完成し，産業革命以前の位置関係や時間・空間関係はもはや通用しなく
なる。旅行者たちも次第に新しい行動方式と知覚方式，新しい体験内容
を受け入れる方式を身につけた。それとともに旅行者が訪れるどの場所
も，空間的な独自性を失い，組織化された全体的な地理空間のなかにあ

るその位置により規定され，資本主義の生産・流通システムの一部をなす商品に似てきたのである。シヴェルブシュは，20世紀の観光旅行において，世界は「地方や都会にある大百貨店と化している」と指摘した[4]。

3.　旅行の大衆化

（1）　トーマス・クックと近代ツーリズムの誕生

　1830年，世界初の鉄道営業がいち早く産業革命を成し遂げたイギリスで始まり，最大の貿易港リヴァプールと工業都市マンチェスターを結ぶ鉄道が開通した。それまで旅行は貴族や富裕層という限られた階層しか享受できない伝統文化だったが，資本主義の進展とともに労働以外の余暇時間を得た都市労働者層を中心とする一般大衆も旅行に参加するようになり，近代的観光が誕生したのである。苦労や苦痛に由来する旅（travel）に対し，観光にあたる英語 tour は，ラテン語の tornus という言葉からつくられ，もとをたどれば円を描くのに用いる道具を意味するギリシア語から派生したという。アメリカの歴史学者ダニエル・J・ブーアスティンに言わせれば，観光は出発地に戻ることを前提とする，楽しみのための旅行だという[5]。

　19世紀半ばにトーマス・クックが考案したパッケージ・ツアーは，近代ツーリズムの起点とみなされている。イングランド中部ダービーシャーの小さな村で農場労働者の子として生まれたトーマス・クックは，庭師や家具職人，印刷業の見習いとして働くかたわら，バプテスト派教会の伝道師として布教用のパンフレットを配布し，禁酒運動に熱心に取り組んでいた。1841年7月に彼の住むレスター市に近いラフバラー町で禁酒運動大会が予定されており，32歳のクックは鉄道による小旅行を禁酒運動に役立てられると思いついた。そこで彼は鉄道会社と

図9-1　トーマス・クックが手掛けた世界初のツアー旅行（1841 年）
（画像提供：ユニフォトプレス）

交渉して格安料金で列車を借り上げ，さらに不特定多数の市民・農民を
対象に，広告やダイレクトメールで参加者を募集した。このようなメ
ディアを活用した方法は，当時としては考えられない先駆的なやり方
だった。そして7月5日，クックは禁酒運動大会参加者 570 人を運ぶ日
帰りパッケージ・ツアーを催行した。レスターとラフバラー間の往復料
金（昼食込み）は1人あたり1シリングだった。週賃金が 20 シリング
前後[6]だった労働者階級にとっても手の届く値段である。クックの企
画は大成功を収め，その後も印刷業を続けながらしばしば無報酬で禁酒
大会への募集型旅行を実施したが，やがて 1845 年，クックは初めて手
数料5％の収益事業としてリヴァプール行きのツアーを実施した（図
9-1）。

　1851 年に世界初の万国博覧会であるロンドン万博が開催されると，
クックは安価な夜行列車・乗り合い馬車の交通費とロンドンでの宿泊代
を組み合わせた旅行商品を売り出し，どうしたら万博に行けるかを説明

する旅行誌『クックの博覧会とエクスカーション』も発行した[7]。ま
た，労働者階級が旅行しやすいように，「博覧会クラブ」をつくって旅
行費の積立てを発案し，大衆を万博見物に連れ出した。ロンドン万博の
入場者は600万人を記録したが，そのうちクックが送り出した客は16
万5000人にのぼった。名声をあげたクックは1854年に本業の印刷業を
やめて旅行業に専念し，旅行やツーリズムに関する専門的な職業を成立
させた。1855年にはパリ万博見物のために初の海外旅行ツアーを催行
し，大勢のイギリス人観光客をヨーロッパ大陸に送り込んだ。その後も
アメリカ大陸を横断する鉄道の旅やスエズ運河を利用する船旅など海外
旅行ツアーを次々と成功させ，旅行を一般大衆の娯楽として定着させた
のである。トーマス・クックはのちに「近代ツーリズムの父」と称さ
れ，レスター駅には彼の銅像やその功績を示す展示が設置されている。

（2）日本における観光の成立と発展

　日本においても，旅は巡礼，詣でからスタートした。江戸時代に街道
が整備され，道中の難行苦行が改善されると，旅は「行楽」として根づ
くようになったが，庶民が旅をするには通行手形を手に入れる必要があ
り，移動の自由は厳しく制限されていた。にもかかわらず，山岳信仰の
対象である富士山をはじめとする各地の山々に参詣する人々，伊勢参り
や八十八カ所などを巡礼する人々は，年間100万人にのぼったという。
当時の人口からすると，すでに江戸時代にはかなり大規模に旅が行われ
ていたことがわかる。1871（明治4）年に開催された日本初の博覧会で
ある京都博覧会にも，団体旅行の人々が集まった。そして1872（明治
5）年には営業用鉄道が開業し，日本でも鉄道の時代が幕を開けた。鉄
道網の拡充と休日の制度化により，旅の大衆化が進んだ。1897（明治
30）年頃から始まった「遠足」は，のちに修学旅行に発展した。また大

阪を中心に日帰りの旅行がさかんになり，郊外電車の発達を促した。

　このように，明治時代には旅の目的，交通手段，所要時間に変化が生じ，民俗学者の宮本常一は江戸時代の旅と比較して，「旅の中味が変わった」という。ちなみに，シヴェルブシュより少し早い時代に，宮本も旅行者と風景との関係性について論じていた。「もともと日本人の旅の中で，風景のよさというものが大事な条件になって」いたが，交通手段の発達により，風景は二番目になっていく。「苦労していってこそ，その風景というのはほんとうの味わいがある」が，昨今の人々の頭のなかでは，風景はすでに「通りがかりに見るに過ぎない個所」になってきていると宮本は指摘する[8]。

　大正時代に入ると旅行者は急速に増加し，各地に自発的に組織されたさまざまな旅行団体や旅行倶楽部ができ，その数は数百を数えて全国的な提携を望む機運となった。同時に政府機関として鉄道省も全国的な旅行関連組織が必要と判断し，1924（大正13）年2月22日に東京で当時の鉄道省の外郭団体として「日本旅行文化協会」が創立され，4月に協会の機関誌として『旅』が創刊された[9]。日本旅行文化協会は，「旅行が少しでも安楽に且愉快に出来るように，交通業者と一般民衆との中間に立つて組織立つた考察をなし，健全なる旅行趣味の育成，旅行に関する案内，注意をすることから，更に進んで内地，朝鮮，満蒙，支那等における人情，風習の紹介等総ての方面に日本人本来の性情を保育守成しよう」という目的を掲げ，「健全なる旅行趣味」を育成するためにおこなわれる諸事業の中心が機関誌『旅』の発行であり，それは「主力を尽くすべき」事業であった。『旅』の内容は，紀行・随筆，観光地の案内，歴史，伝説，奇談，その他観光情報，ルート紹介などが中心であるが，旅行のマナーや観光地の景観，旅館の改善，団体旅行のあり方に関する問題提起など，旅行の近代化や現代化をめぐる論説や討論も掲載されて

いた。赤井正二は，日本旅行文化協会とその機関誌『旅』が誕生した経緯を分析し，次のように指摘している。

　　「日本旅行文化協会」と雑誌『旅』が，「旅行」という一つの社会文化的な現象に限定されるとしても，社会と国家とのあいだの緊張を含んだ中間領域という意味での「市民的公共圏」の性格をもつことになったことを示している。だが鉄道省が同時に事業者でもあったという面からすれば，事業者と大量の利用者という大衆社会的な関係をも，したがってマス・メディアを利用して大衆を誘導する「操作的公共圏」の機能も果たすことになったことを無視するわけにはいかない[10]。

　日本旅行文化協会が誕生する以前に，日本にはすでに訪日外国人観光客を対象とする旅行関連組織が存在していた。1893（明治26）年3月に外客誘致機関として「喜賓会」が創立され，英語や中国語による日本旅行案内地図や旅行案内書などを発行した。さらに1912（明治45）年3月，より積極的な外客誘致と外国人観光旅行あっせんを目的とする「ジャパン・ツーリスト・ビューロー」が設立され，翌年6月に機関誌『ツーリスト』を発刊した。昭和に入ると，1930（昭和5）年4月，鉄道省は外客誘致の中央機関として国際観光局を創設した。国際観光局はその使命として，国際親善，国威発揚，外貨獲得，地方産業の活性化，国民道徳の育成という五つの目標を掲げていた。その主な目的は，観光キャンペーンを通じて日本の文化を宣伝し，「当時国際社会の中で孤立しつつあった日本に対する友好ムードを醸成すること」であり，日本の対外的な国家宣伝，すなわちプロパガンダを展開した。
　東京に本部を置く国際観光局は，ニューヨーク，ロサンゼルス，パリ

に在外事務所を設け,「旅行案内書,ポスター,パンフレット,グラフ雑誌『Travel in Japan』,カレンダー,クリスマスカード,絵はがき,地図,日本文化を紹介する英文の『ツーリスト・ライブラリー』などを発行したほか,雑誌広告の掲載などを通じて日本の観光資源や伝統文化の普及活動を展開した。さらに《日本三週間の旅》をはじめとする観光映画やスライドの貸し出しを行うなど多角的にさまざまなメディアを使って日本の観光イメージの浸透を図った」[11]。

　一方,日清戦争,日露戦争を経て,日本の鉄道網と航路網は東アジアへと広がった。「昭和初頭には,日本だけではなく,朝鮮半島,満洲,中国を観光ルートに加えた東アジア周遊旅行を提案する観光ポスターやパンフレットがさかんに制作され,(中略)民族衣装を身にまとった満洲美人や朝鮮美人,無数の山々が峰を連ねる朝鮮の金剛山の風景,南国情緒あふれる台湾や南洋諸島の楽園的なイメージ」が描き出され,それまで欧米観光客から見られる客体だった日本人は,アジアを見る主体へと転換していく[12]。

　このように,近代的観光が商業化,組織化していくなかで,何を見るか,どのように見るかという観光客のまなざしが形成された。イギリスの社会学者ジョン・アーリは,観光客のまなざしは社会的に構成され制度化されているものだと指摘した。すなわち,「観光のまなざし」は個々人の心理などではなく,社会的に形が決まり,習得された「モノの見方」である。アーリによれば,まなざしを向ける対象として選ばれる場はいろいろあるが,観光客が強い期待を持つ場が選ばれるのである。このような期待は,さまざまなメディアでもたえず作り上げられている。メディアもまたこのまなざしをつくり強化しているのである[13]。

（3）新聞社のメディア・イベントと観光

　近代的観光の発展を促進したのは，電信，蒸気船，鉄道，写真などの技術だけではなく，近代の新聞産業も大きな役割を果たした。日本においてガイド付きの海外観光旅行は，まさに新聞社のメディア・イベントとして始まった。

　日露戦争（1904〜05年）後，日本の主要新聞の発行部数が飛躍的に増加し，各新聞社間の競争も激しさを増してきた。読者の維持と拡大，そして広告獲得を図るために，各社は博覧会，美術展，運動競技会，俳優人気投票などさまざまなイベントを作り出した。1906（明治39）年6月22日，『大阪朝日新聞』『東京朝日新聞』両紙はそれぞれ一面の約半分のスペースを使って，「空前の壮挙（満韓巡遊船の発向）」という大見出しをつけた大型社告を掲載した。日露戦争に勝利した戦勝国民，世界の一等国にのしあがった新興国民にはそれにふさわしい豪快かつ勇壮な避暑法がなくてはならないとして，朝日新聞社は満洲（中国東北部）・韓国を巡遊する旅行ツアーを企画し，参加者を募集したのである。紙面には満洲韓国巡遊船の航路図も掲載された。約3800トンの汽船を貸し切り，7月25日に横浜から出航し，神戸，門司を経て韓国の釜山，京城（ソウル）などをめぐって満洲の大連，旅順，長山列島などを見物し，日本に帰還するという約30日間の旅程であった。募集人数は347人だった。

　東西の『朝日新聞』は6月22日の社告発表から連日，満韓巡遊船を宣伝する記事を大々的に掲載し，わずか3日で満員となった。しかも，応募者が殺到しただけではなく，陸軍・海軍や鉄道会社などの公的組織がこの満韓巡遊旅行に特別の便宜を与えた。また，一般の会社や個人からさまざまな品物が大量に寄贈されたのである。有山輝雄は，朝日新聞社の満韓巡遊船が予想以上の社会的反響を呼んだ原因は，海外旅行を可

能にする社会的経済的な余裕ができ，比較的自由に時間を支配できる階層が出現したことが必要条件であるが，それ以上の意味が旅行に付与されたためだと指摘する。つまり，朝日新聞社は，この旅行はただの行楽ではなく，日清戦争，日露戦争の二度にわたる戦勝の地をめぐることで戦争の記憶を人々に想起させ，戦勝国，新興国の民として出かけるべき旅行であるとしてナショナル・アイデンティティ，「帝国民」意識を強化し高揚させたのである。「旅行者たちは，帝国日本の発展と一体化することによって，〈見る〉主体，観光の主体となろうとしたのである」と有山が指摘したように，そこには，異郷の名所旧跡を〈見る〉「帝国のまなざし」が社会的に成立する。

　このように，新聞はたんに海外旅行を宣伝する役割を果たしただけではなく，その言説によって旅行を社会的・文化的意味を持つイベントとして成立させた。そこに形成される物語が旅行者の参加意欲を喚起し，さらに旅行に参加できなかった多くの読者も関心を持ち，関連記事や参加者たちの旅行記を読むことになる[14]。

4. マス・ツーリズムの拡大と「場所の消費」の変容

　第二次世界大戦終了後の 1950 年代から 70 年代にかけて，特に 1960年代になると旅客機の定期就航が実現し，観光の大衆化が一気に進み，多くの人々が世界各地に出かけるマス・ツーリズムの時代が到来した。UNWTO の統計によれば，1950 年では全世界の国際観光客到着数は2500 万人だったが，マス・ツーリズムの出現後，1960 年には 6900 万人，1980 年には 2 億 7800 万人，2000 年には 6 億 7400 万人，そして2019 年には 14 億 4600 万人と飛躍的に増加してきた[15]。

　アーリは，旅をメディアによるバーチャルで想像上の旅と，「実体的

な旅」の二つに分けているが，1990 年代以降，インターネットや携帯電話などさまざまな技術の発展により，この二つの異なった旅行様式のあいだに複雑な交差が見られるという。「実体的な旅」は，これまで見られなかったような国境を越える人々の大移動を生み出した。こうした流動性のゆえに，場所が次々に形を変えて消費されるとともに，世界中のほとんどあらゆる社会がつなげられるようになっている。アーリによれば，「場所を手当たり次第に生産するだけでなく，特に『消費する』といった事態が世界中に広がっている」ため，場所は次第に商品およびサービスの比較，評価，購入，使用のためのコンテクストを提供するような消費の中心地として再構築され，それ自体が消費されるようになっている。

　ここで重要なのは，観光客だけではなく，観光地も場所を消費しているという点である。観光客にとって観光地は非日常経験を求める場所であり，限られた滞在時間のなかで観光地の歴史，自然，文化などを理解し体験しようとする。一方観光地は，非日常を経験しようとする観光客の欲望に応え，あるいは欲望を創造するために，観光地そのものを情報発信装置に作り変える。このような共同作用の結果，すべての場所は消尽される場所となるのである[16]。実際に，マス・ツーリズムの拡大につれて，もともと均質的な無個性空間で「場所性の不在」が特徴である空港（アーリは空港が「非場所」の最たる例だという）そのものも，目的地になるように設計し直された。日本の事例をあげると，2010 年 10 月に江戸の街並みを模した商業エリアを持つ羽田空港国際線ターミナルが開業されたとき，バスツアーで訪れる観光客が殺到し，本来の空港利用客がその混雑ぶりに戸惑い，不平を漏らしているという報道があった。しかし，羽田空港もそうであるが，愛知県の中部国際空港（セントレア）や北海道の新千歳空港などエンターテインメント施設を併設する

空港は，飛行機を利用する客だけではなく，空港に遊びにくる客にも魅力を感じてもらう（消費してもらう）場所であることをアピールしていた。

　ウェールズ生まれのカナダの地理学者エドワード・レルフは，1976年に出版された『場所の現象学』のなかで，「場所に対する偽物の態度」は観光に一番はっきりと現れると論じた。「場所に対する偽物の態度」とは，場所の深層にある象徴的な意義に気づくことなく，場所のアイデンティティに何の理解も示さない態度である。つまりそれは無批判に受け入れられたステレオタイプや，真の関わりを持たずとも取り入れることができる知識的および美的な流行である。レルフによれば，「観光においては，場所に関する個々人の本物の判断は，ほとんどいつも専門家や一般世間の意見に包摂されてしまっており，観光という行為とその手段が，訪れる場所よりも重要になっているからだ」。観光客はガイドブックに従い，見る価値があると誰かが決めた美術作品や建築物，星の数で区分されたレストラン，ランク付けされた観光スポットだけをめぐり，自身の周りの環境の特徴にはほとんど目を向けず，次の目的地へと急ぐ。レルフは，メディア，大衆文化，大企業，強力な中央権力，そしてこれらすべてを包含する経済システムは，普遍的で標準化された嗜好や生き方を伝えることにより，どの場所もがその独自性を失うという「没場所性」を直接間接に助長したと指摘する[17]。

　レルフが「没場所性」について論じた35年後，2011年に出版されたアーリの『観光のまなざし』第3版には「パフォーマンス」の章が追加され，観光のまなざしを「パフォーマンス」という視点から考察した。インターネットとモバイル・メディアが人々の生活に組み込まれ，非日常経験を求める観光が日常生活と，そして一緒に観光に来ていない家族や友人と切断できなくなってきた。観光が求めているのはたんに「見

図 9-2　上海の観光スポットで自撮りする学生たち（2014 年）
（劉雪雁撮影）

る」ことだけでなく，そこにいること，何かをおこなうこと，触れること，そして見ることに力点が移った。観光地がテーマ化され，舞台化され，観光客も台本化され，劇場化され，その一部として観光場面を作り上げていく。また観光客は「モノとしての装置」を，たとえば記念的建造物や美しいスポットを探し出すが，自分たちがその枠に収まる景色であることの方を重要視している（図 9-2）。観光客のカメラワークからもわかるように，そのまなざしの先の主役は，「消費対象である場所」よりもパフォーマンスする自己である[18]。

　2019 年 9 月 23 日，「近代ツーリズムの父」トーマス・クックが創業した世界最古の旅行会社トーマス・クック・グループはロンドンの裁判所に破産を申請し，178 年の歴史に幕を閉じた。トーマス・クック社の倒産で 60 万人ともいわれる旅行者が世界中の空港やホテルで足止めとなり，全世界で 2 万 2000 人が職を失った。イギリス政府はチャーター

機を運航し，約2週間にわたって同社のツアーで海外を旅行していた15万人以上のイギリス人観光客を帰国させた。ロイター通信は「平時としてイギリス史上最大規模の本国帰還作戦」と報じた。BBCによると，トーマス・クック・グループの経営が傾いたのは，オンライン予約の普及や格安航空会社との激しい競争が要因の一つとみられるという[19]。実際に，多くの人々は旅行会社に頼らず，インターネットの情報を参考に自分で旅行を計画し，旅行後には写真や動画，感想，旅行記などをウェブサイトやSNS上にシェアしていくことがすでに常態化している。このように，インターネットとモバイル・メディアの浸透が旅行中に限らず，旅行前と旅行後も含めた観光客の行動，そして観光そのものの形を変えつつある。

注

(1) 国連世界観光機関，日本政府観光局のデータを参照。

(2) ペンローズ（2020）を参照。

(3) 若林（2009）を参照。

(4) シヴェルブシュ（1982）を参照。

(5) ブーアスティン（1964年）を参照。

(6) 友松（2012）を参照。

(7) この雑誌はのちに『クックのエクスカーショニスト』と改題され，第二次世界大戦勃発までクック社の主要な宣伝メディアとなった。

(8) 宮本（1975）を参照。

(9) 『旅』は日本初の旅行雑誌であり，2012年1月に休刊するまで，通巻1002号が発行された。1957年から58年にかけて，鉄道ミステリーの先駆的作品，松本清張の『点と線』を連載していた。発行部数は最盛期には20万部以上だったが，休刊前は5万部に落ち込んでいた。

(10) 赤井（2016）を参照。

(11) 東京国立近代美術館編（2016）を参照。

(12) 東京国立近代美術館編（2016），有山（2002）を参照。

(13) アーリ，ラースン（2014）を参照。

(14) 有山（2002）を参照。

(15) 国連世界観光機関 International Tourism Highlights の各年のデータを参照。

(16) アーリ（2012），遠藤ほか（2014）を参照。

(17) レルフ（1999）を参照。

(18) アーリ，ラースン（2014）を参照。

(19) BBC News（2019）を参照。

参考文献・情報

赤井正二『旅行のモダニズム：大正昭和前期の社会文化変動』ナカニシヤ出版，2016 年

有山輝雄『海外観光旅行の誕生』吉川弘文館，2002 年

ジョン・アーリ／吉原直樹・大澤善信監訳，武田篤志ほか訳『場所を消費する』法政大学出版局，2012 年（原著 1995 年）

ジョン・アーリ，ヨーナス・ラースン／加太宏邦訳『観光のまなざし〔増補改訂版〕』法政大学出版局，2014 年（原著 2011 年）

遠藤英樹・寺岡伸悟・堀野正人編著『観光メディア論』ナカニシヤ出版，2014 年

W・シヴェルブシュ／加藤二郎訳『鉄道旅行の歴史：19 世紀における空間と時間の工業化』法政大学出版局，1982 年（原著 1979 年）

東京国立近代美術館編『ようこそ日本へ：1920-30 年代のツーリズムとデザイン』東京国立近代美術館，2016 年

友松憲彦「19 世紀ロンドン労働者の家計分析：日用品流通史の視角から」『駒沢大学経済論集』43（3・4），駒沢大学経済学会，2012 年 3 月

ダニエル・J・ブーアスティン／星野郁美・後藤和彦訳『幻影の時代：マスコミが製造する事実』東京創元新社，1964 年（原著 1962 年）

ボイス・ペンローズ／荒尾克己訳『大航海時代：旅と発見の二世紀』ちくま学芸文庫，2020 年（原著 1962 年）

宮本常一『宮本常一著作集 18　旅と観光』未来社，1975 年

エドワード・レルフ／高野岳彦・阿部隆・石山美也子訳『場所の現象学：没場所性を越えて』ちくま学芸文庫，1999年（原著1976年）

若林幹夫『増補　地図の想像力』河出文庫，2009年

国連世界観光機関（UNWTO）　https://unwto-ap.org/

日本政府観光局（JNTO）　https://www.jnto.go.jp/jpn/

Thomas Cook:The much-loved travel brand with humble roots-BBC News
https://www.bbc.com/news/business-49789073

学習課題

古典紹介

● ダニエル・J・ブーアスティン／星野郁美・後藤和彦訳『幻影の時代：マスコミが製造する事実』東京創元社，1964年（原著1962年）

● ジョン・アーリ，ヨーナス・ラースン／加太宏邦訳『観光のまなざし［増補改訂版］』法政大学出版局，2014年（原著2011年）

　いずれも観光を語る上で欠かせない古典的名著である。前者は20世紀の大衆文化，後者は21世紀の移動について考えるヒントを与えてくれる。

10 │ 観光：イメージの創出と再生産

劉　雪雁

《**目標＆ポイント**》　観光地のイメージはさまざまなメディアによってつくられ，固定化される。メディアはまた観光客の行動，観光客のイメージも作り出していく。本章は時代の変化とともに変わるメディアと観光の相互作用を分析し，さらに京都市・嵐山の事例を通じて観光の新しい特徴と可能性を把握する。
《**キーワード**》　疑似イベント，観光のまなざし，京都，嵐山

....

　第9章では，観光が商業化，組織化していく過程のなかで，メディアが観光客のまなざしの形成と強化にどのようにかかわってきたかを中心に論じた。本章では，写真，映像，雑誌，ガイドブック，旅行口コミサイトなどのメディアが，観光地のイメージづくりと，イメージの再生産との関係性を考察する。また，観光客（ゲスト）と受入地域の人（ホスト）のコミュニケーションが観光地イメージに与える影響についても考えていく。

1. 固定化された京都のイメージ

　光り輝く夕焼け空をバックに，清水寺の本堂は堂々たる姿でそびえ立つ。檜皮葺屋根が赤く染められ，誰もいない舞台に静けさが漂い，奥には金色に包まれた京都の市街地が見える。画面の右側に，「パリやロスに　ちょっと詳しいより　京都にうんと詳しいほうが　かっこいいかもし

図 10-1 「そうだ 京都，行こう。」キャンペーンの最初のポスター（1993 年）
（出典：キャンペーンギャラリー「そうだ 京都，行こう。」(souda-kyoto.jp)）

れないな。」というキャッチコピーが添えられていた（図 10-1）。1993
年秋から 30 年近くも続いてきた JR 東海の「そうだ 京都，行こう。」
キャンペーンの最初のポスターである。

　「そうだ 京都，行こう。」は，京都に平安京が置かれてから 1200 年の
節目を前にスタートした広告キャンペーンである。最初のキャッチコ
ピーで京都をパリやロサンゼルスと並べた理由は，1990 年代初め頃に
はまだバブル経済の余韻が残っており，女性雑誌で「観光」や「都市」
が特集されるとすれば決まって「海外の都市」であり，パリやロスのど
こへ行ったという海外の旅自慢があふれていたため，「自省の念もこめ
たアンチテーゼ」だったとコピーライターの太田恵美はふり返る[1]。
キャンペーンが 25 周年を迎えた 2018 年の時点で，計 97 本のテレビ
CM，154 種類のポスターを制作し，79 カ所の寺社を取り上げ[2]，「観
光客のまなざしから」という設定で「古都」京都の四季折々の美しい景
色を見せ続けてきた。

　観光地のイメージ形成に，メディアはどのような役割を果たしたのだ
ろうか。京都市は観光客の動向を把握するため，1958 年から観光関連

の調査を実施してきたが，『京都市観光調査年報』のバックナンバーを調べてみると，「そうだ 京都，行こう。」のキャンペーン開始前後，京都の集客力は低迷していた。1990 年には京都を訪れる観光客数は 4084万 6000 人とそれまでの最高記録を樹立したが，バブルがはじけた 1991年には 3.8% も減少し，1993 年まで漸減傾向にあった。1994 年に平安建都 1200 年事業が展開され，観光客数が 3.6% 増の 3967 万人台に戻ったが，1995 年に阪神・淡路大震災の影響で 3534 万人まで落ち込み，10.9% の大幅減となった。だが 1996 年になると，回復の兆しを見せた[(3)]。そして 2000 年，京都市は「観光客 5000 万人構想」を発表し，10 年後の達成を目指していたが，この目標は 2008 年に 2 年前倒しして達成された。新型コロナウイルス流行前の 2019 年には，京都を訪れた観光客数は 5352 万人にのぼり，150 万弱の京都市民の日常生活に影響を及ぼすオーバーツーリズム問題が指摘されていた。

　キャンペーン開始時に比べると観光客の数は 2000 万人近く増えたが，「そうだ 京都，行こう。」の CM やポスターが見せた絵葉書のような京都の風景には，ほぼ一貫して観光客も住民も含めて基本的に人の姿がなく[(4)]，京都タワーや京都駅など現代の京都を代表する建築物も入っていない。「そうだ 京都，行こう。」に映し出された京都は，リアルな京都という都市ではなく，「理想的なこころのふるさと」としてイメージされた観光地である。

　このようなイメージは，「そうだ 京都，行こう。」キャンペーンが生み出したものではない。京都市中心部の山鉾町で生まれ育ったフランス文学者で評論家の杉本秀太郎は，「京都の映像にはつねに予断と偏向がある」と指摘し，1970 年代に次のように分析していた。

　　「古都」ということばは，そのまま固定観念となっているので，

　「古都」が選択規準の無謬性を保証してくれるかのように，かれら
は暗黙のうちに合意している。こうして新しさを生命とする流行が
古さという観念に依拠して作り出したものが，京都古都ブームであ
る[5]。

　実際，京都は明治から大正にかけて一連の近代化事業を推進し，古い
文化遺産を融合した近代都市として注目され，当時の京都への修学旅行
のコースには，神社仏閣だけではなく，近代的な施設も含まれていた。
しかし，昭和期に入ってから古都＝「京都らしさ」というイメージが繰
り返しメディアに登場し，次第に固定化された。そうしたメディアとは
歴史教科書，観光案内書，小説（たとえば川端康成の『古都』）やエッ
セイなどの文学作品から雑誌，映画，ドラマなどさまざまであるが，媒
体が変わっても，「らしさ」や「まなざし」が創出されることの本質は
変わっていない[6]。

2. メディアと観光地のイメージ形成

（1）「疑似イベント」（Pseudo-Events）

　ダニエル・J・ブーアスティンは著書『幻影の時代』のなかで，20
世紀前半のアメリカにおける大衆文化のさまざまな現象を取り上げて考
察し，「疑似イベント」という概念を打ち出した。彼がいう「疑似イベ
ント」とは，マスメディアが大衆の欲望に合わせて創造した体験や，加
工した現実のことである。このようなつくられた出来事（イベント）が
人々の経験に充満し，人々が本当の出来事よりも疑似イベントを，現実
よりも非現実を，実体よりも幻影（イメージ）を愛好するようになった
ことはメディアの影響によると分析した。

　ブーアスティンが例として取り上げたさまざまな「幻影（イメージ）の代表的見本」には，観光も含まれている。当時（1950 年代から 60 年代）はアメリカにおいて新聞，ラジオ，テレビ，映画，広告などのマスメディアが生活のなかに浸透し，同時にマス・ツーリズムに突入した時代でもある。ブーアスティンによれば，19 世紀半ば以降，複製技術革命と交通機関の進歩という二つの社会変化を経て，旅行は容易に，安価に，そして安全になった。かつて一つの活動（経験または仕事）だった旅行は一つの商品となり，旅行者が観光客へと変貌した。鉄道，豪華客船，飛行機，そして高速道路，自動車などの交通手段の発達により，旅行者はかつてのように空間のなかを移動するのではなく，ただ時間のなかを移動するようになり，旅行経験が希薄化された。また，旅行者は自分の通過する景色から隔離されるだけでなく，目的地である観光地に住んでいる人々からも隔離される。その原因の一つは国際ホテルチェーンの整備であるとブーアスティンは指摘する。外国にいるという滞在客の不安感の払しょくに努めながらも，その土地の雰囲気を意識的に作り出そうとするホテル側の努力により，「隔離された」観光客はその土地の経験を「間接的にしか味わえない」という不思議な現象が生じる。そして，近代の美術館や，人々を引き寄せるための国際博覧会も，「観光客目当てのアトラクション」であり，「すべて人為的で疑似イベントの性質を持っている」と彼は見ている。

　このような観光客の旅行経験の変質とメディアとの関係について，ブーアスティンによれば，観光客の興味の大部分は自分の印象が新聞・映画・テレビに出てくるイメージに似ているかどうかを知りたいという好奇心から生まれるという。頭のなかにあるイメージが遠い外国で確かめられたとき，観光客の欲求は最も満足する，と彼は批判的に論じている。すなわち，「われわれは現実によってイメージを確かめるのではな

く，イメージによって現実を確かめるために旅行する」。そして，「われ
われは見るためにではなく，写真を撮るために旅行する」として，容易
に写真に収められることが人気のある疑似イベントの条件だと指摘し
た[7]。

（2）「観光のまなざし」（Tourist Gaze）

　ジョン・アーリは観光における視覚の意味を徹底的に考察し，著書
『観光のまなざし』のなかで，観光客のまなざしが社会的に構成され制
度化された「モノの見方」であると論じたことについては，第9章でも
触れた。ここでは，アーリによるメディアと観光客の種々のまなざしと
の関係についての議論を中心に見ていく。

　アーリによれば，観光客は「日常体験と切断されるような風景や街並
みの様相へと」まなざしを向ける。これらの場に対する強烈な愉楽への
期待は，映画，テレビ，小説，雑誌，CD，DVD，ビデオなどのさまざ
まなメディア，すなわち「非・観光的な技術」でたえず作り上げられ，
これらもこのまなざしをつくり強化している。そして，観光客のまなざ
しは，今度は写真，絵葉書，映画，模型などを通して視覚的に対象化さ
れ，これによって時間と空間を超えて，果てしなく再生産され，呼び起
こされるのである[8]。

　アーリは，写真術は近代のまなざしのなかでも重要な位置を占めると
主張し，「観光のまなざしの発生」はカメラが発明された1840年頃に設
定できると述べる。写真と観光のまなざしは一体となって互いに強め
合ってきたため，もし写真術の発明と発展がなかったなら，「現在の観
光のまなざしはまったくその様相を変えていただろう」。2010年に京都
国立近代美術館で開催された，19世紀における写真と旅をテーマにし
た展覧会「ローマ追想」も同じような見方を示している。1839年にパ

リでダゲレオタイプの写真術が発表されると，写真はまたたく間にヨーロッパ各国に広がり，当時主流だった版画に取って代わり旅を記録する上で重要な役割を担うようになった。「紀行文学や絵画から得たイメージを重ね合わせ幻想の街として撮影されたこれらの写真は，旅行案内として一般に普及し，近代以降の『ローマ』イメージの原型となった」のである[9]。

　1990 年に『観光のまなざし』が出版されてから，アーリは時代の変化に合わせる形で，2002 年に「まなざしのグローバル化」を追加した第 2 版を，2011 年には地理学者のヨーナス・ラースンとの共同執筆による第 3 版を出版した。第 3 版では「観光と写真」を中心に取り上げる章が新たに立てられ，デジタル技術とインターネット技術の進展にともない，観光写真が「あの時あったこと」の記録から，観光中の出来事を伝える「生中継の絵葉書」になった現象をモビリティと関連づけて論じている。アーリとラースンによれば，プロの写真家が撮った商業写真は，まなざしと観光客のカメラの「台本」となり，観光客はイメージとして受け取った画像を再生産していく。インターネットの時代では観光客は「公開された展示場（ディスプレー）」に置かれた旅の写真をますます生産・消費し，やがてこういう写真も「プロの」画像やテレビ番組の「演出」に関与するようになっていく。このようにプロの写真家と観光客の写真が相互的に影響し合いながら，観光地のイメージを形成し，場を構築していく[10]。

3. 観光客の行動を作り出すメディア

　メディアは観光地のイメージを形成し，観光地の情報を提供するだけではなく，観光客の期待を増大させ，しばしばその行動をも作り出して

いく。

　たとえば柳田国男は『雪国の春』のなかで，紀行文学は「狭い主観の，断独的個人的の記述」であるが，「名ある古人を思慕することが，無名の山川を愛する情よりもまさっている国柄」なので，「絵葉書も案内記も心を合わせて，今古若干の文人の足跡ばかりを追随させ，わけもない風景の流行を作ってしまった」と指摘した[11]。

　確かに紀行文学や絵葉書も観光客の期待を膨らませるメディアであるが，それらをも取り込み，近代・現代の観光客と最も密接な関係を持つメディアは，観光に関するさまざまな情報を体系的に旅行者に提供する旅行案内書，つまりガイドブックだといえよう。

（1）旅行案内書・ガイドブック

　ドイツのカール・ベデカー社とイギリスのジョン・マレー社が1820年代から30年代に刊行した観光ガイドブックは，近代的ガイドブックの始まりである。特にベデカー社はドイツ語版だけでなく，フランス語版や英語版のガイドブックも出版し，「中流階級が勃興しつつあった国々で読まれた」。ベデカー社のガイドブックには地理的知識に加えて，何を見るべきか，どのように見るか，何に注意すべきか，という詳細な説明や忠告が記載されている。ベデカー社やマレー社のこのような総覧的で「非個人的な」ガイドブックのスタイルは，各国に受け継がれていく。また，ベデカー社が発明した「スター・システム」は，今日のホテルやレストランのランクづけにも採用されている。ブーアスティンはこのスター・システムに「支配」されたマス・ツーリズム時代の観光客の様子を次のように描いている。

　　ベデカーを持って旅行した人ならば誰でも，星の付いている名所を

全部見物した時の満足感と，逆にたいへんな苦労と費用をかけてわざわざ見に行った名所が，後で一つの星も付いていない場所だったということを発見した時の失望を知っている。人の一枚上手を行く術に長けた人は，パリやフローレンスのように大勢の人が訪れる所へ行った時は，ベデカーのなかで星の付いていない場所を専門に見物し，自国に帰ってからの会話で案内書通りに見物した友人を出し抜いてしまうともいわれる[12]。

　一方，近代日本における旅行案内書は，江戸期から継承された名所図会と道中記によって始まる。名所図会は，地理書・地誌書としての特徴を持つが，多くの図絵が掲載されている。19 世紀の同時代のベデカー社やマレー社からシリーズで出版されていたガイドブックは文字情報の比率が非常に高かったが，それに比べると名所図会は図絵が豊富で各地の名所をより具体的にイメージできる実用的な案内書である。図絵の表現方法は，木版から銅版，石版，写真などへと移り変わるが，図絵を挿入するという様式は，その後の日本の旅行案内書の定番となっていく。明治時代には鉄道旅行の普及にともない，「鉄道沿線案内」などの旅行案内書を見ながら観光旅行をするという形が定着した。その後大正期から昭和の戦前期にいたるまで，国内では鉄道旅行と海上旅行がさらに広がり，植民地や外地，外国への旅行も増加し，同時に旅行案内書もさらに多様になった[13]。

　戦後，1964 年に海外渡航が自由化されてから，日本人の海外旅行の形の変容に連動してガイドブックのスタイルも変化している。まず1964 年から 70 年代中期までは，添乗員が同行するパック・ツアーが一般的で，見所案内と遊行案内を中心とした小さくて軽い「ポケット型ガイドブック」が主流だった。1980 年代から 90 年代初頭には，格安航空

券の登場により若者を中心に個人旅行が流行し，『地球の歩き方』に代表されるような膨大な情報を詰め込んだ分厚い「マニュアル型ガイドブック」が出現した。ちなみに『地球の歩き方』は欧米で大人気の『ロンリー・プラネット』を参考につくられたもので，欧米のガイドブックに近いスタイルを持っている。このような「マニュアル型ガイドブック」には，添乗員がいなくても観光地を回れるように，見所案内や遊行案内のほかに，ホテルやレストランの比較紹介やアクセス方法，ショッピング情報も掲載されている。1990 年代に入ると，３泊４日ほどの自由プランのスケルトンツアーの流行に合わせて，ショッピングやグルメ情報に特化し，文字より画像を大きく取り入れる雑誌風の「カタログ型ガイドブック」が登場した。そして 2000 年代になると，さらにさまざまなテーマごとにまとめられ，小型化されていった。

　このように，ガイドブックの形態はさまざまであるが，そこに掲載された情報のなかから，自分の時間と興味に合わせて見るもの，食べるもの，買うものを決めてプランを組み立てる観光客がほとんどであろう。ガイドブックに掲載された「最新」情報は毎年更新されていくのだが，その観光地に関する「定番」情報はそのまま継続されるため，観光地イメージのステレオタイプはさらに強化されていく。しかし，ガイドブックは観光客が効率的に観光できるようにいくつかの選択肢を提示するが，同時に他の膨大な選択肢（可能性）にまなざしを向けさせないという機能も持っている。観光客はガイドブックから事前学習した観光地のイメージを持ちながら観光地を回り，すでに構成されたその空間の知識によって誘導される。しかもそのような行動は，同じガイドブックを読む観光客により繰り返されていく[14]。

（2）女性ファッション誌と「アンノン族」

　1970 年代の日本では，女性ファッション誌に触発された若い女性たちが雑誌で特集された各地に繰り出し，「アンノン族」と呼ばれる一種の社会風俗現象が現れた。

　「アンノン族」の語は，1970 年に創刊された『an・an（アンアン）』（平凡出版，現マガジンハウス）と翌 71 年に創刊された『non-no（ノンノ）』（集英社）という女性ファッション誌に由来する。どちらの雑誌もカラー写真をたくさん取り入れ，ファッション，グルメ，カルチャー，旅などを紹介し，ターゲットである流行に敏感な若い女性たちのあいだでたちまち人気となった。ちょうど同じ時期，旧国鉄（現 JR）は慰安旅行のような団体旅行ではない「個人の国内旅行」の拡大を図るために，1970 年 10 月から「ディスカバー・ジャパン」というキャンペーンを打ち出していた。このキャンペーンに合わせる形で，両誌は 1972 年秋から国内旅行の特集記事を毎号掲載するようになった。これらの特集記事は 1 ページまたは 2 ページのスペースを使用し，ファッショナブルな装いに身を包んで観光地を歩くモデルの写真や，絵葉書のような美しい風景，旅先の小物などの写真によって，優雅な旅を楽しむというイメージを作り出した。また，読者に語りかけるようなコピーやイラストマップなどを使って，「観光ガイドには載っていない，私だけの旅」という感情を喚起する工夫も施した。

　『an・an』と『non-no』の旅行特集が最も頻繁に取り上げた観光地は京都であり，どちらの雑誌にも年 2 回以上登場していた。ガイドブックと違って雑誌は短い周期で刊行されるため，季節に合わせて観光地，風景，旬の食べ物，モデルの服装などを選択してイメージをつくることができる。たとえば，『an・an』と『non-no』の旅行特集では，「日本の伝統を訪ねる旅」は冬，秋，春の順で多く取り上げられ，「自然とのふれ

あいを求める旅」は夏が圧倒的で，「異国情緒を味わう旅」はクリスマスと重なることが多い[15]。

　女性誌が提示したこの新しい観光スタイルは，当時まだ頻繁には個人旅行をしていなかった女性たちのニーズを掘り起こし，『an・an』『non-no』を抱えた数多くの若い女性たちが各地を訪れるという現象がブーム化した。画一的な行動パターンをするこれらの若い女性たちはまたメディアに取り上げられ，「アンノン族」のイメージが定着していく。さだまさしの「絵はがき坂」（1977 年発売）という曲でも，「同じ様にジーンズ着て，アンアン・ノンノ抱えた，若いお嬢さん達が今，シャッターを切った」と，長崎旅行中の「アンノン族」の姿が歌われている。

　1980 年代に入ると，「アンノン族」現象は終息し，それ以降『an・an』『non-no』が旅行記事をメインテーマに取り上げることはほとんどなくなった。一方，両誌の旅行特集のヒットにより 1970 年代に生み出された写真中心の旅行専門誌は，1990 年代からガイドブックの主流となった。

（3）旅行口コミサイト

　アーリによれば，人々は数々のメディアを通して「想像上の旅」をし，旅への欲望と，よその場所に身を置くことへの欲望を喚起される。「19 世紀には，主にガイドブックなどの書き物が，想像上の旅にとって重要であった。そして，20 世紀前半には写真とラジオが中心になり，20 世紀後半には，映画とテレビが想像上の旅の主要なメディアになった」。しかし，インターネットやモバイル機器の浸透により，21 世紀は「身に宿された機械」の世紀となる。これらの機械が生み出しているのが，テクスト，メッセージ，人，情報，映像の相互依存したフローからなる「リキッド・モダニティ（流動的近代）」である[16]。アーリはここ

でポーランド出身の社会学者ジークムント・バウマンの「リキッド・モダニティ」という概念を援用したが，この「リキッド・モダニティ」の特徴として，時間的にも空間的にも流動的で，生活やアイデンティティが断片化し，コミュニティが「クローク型共同体」「カーニバル型共同体」という，バラバラな個人が共通の興味や関心があるときにだけ一時的に集まる場になることがあげられる[17]。

2000 年代以降，観光情報を集約するプラットフォームとして登場した旅行口コミサイトは，まさにリキッド・モダニティの特徴を表しているサービスである。2000 年に誕生した世界最大規模の旅行プラットフォームであるトリップアドバイザー（Tripadvisor）のウェブサイトには，次のように記されている（2021 年 10 月時点）。

トリップアドバイザーは，毎月数億もの旅行者に利用され，最高の旅の実現をサポートしています。国内外の旅行者はトリップアドバイザーのサイトやアプリにアクセスすることで，800 万件の宿泊施設，レストラン，ツアーやチケット，航空会社，クルーズについて投稿された 8 億 8400 万件を超える口コミ情報や評価を参照できます。旅マエでも旅ナカでも，宿泊プランや航空券のお得な料金を比較したり，人気のツアーやチケット，そして素敵なレストランの予約をしたりできます。トリップアドバイザーは頼れる旅のパートナーとして，世界 49 の国と地域，28 の言語でサービスを展開しています[18]。

トリップアドバイザーを利用する観光客は，航空券やホテル，レストランの予約だけではなく，ガイドブックの代わりにウェブサイトに書き込まれた無数の口コミから観光地の情報を収集する。つまり，口コミサ

イトは旅に出る前の主な情報源となる。19世紀に「非個人的な」ガイドブックが個人的感想を記した旅行記に取って代わり観光客の頼りになったが，21世紀には，観光客の個人的記述や写真で作り上げられた観光地のイメージを集約した旅行口コミサイトが観光客に影響を与える主なメディアとなった。それらの観光客によって，イメージはますます再生産を繰り返している。

4. 観光地・嵐山の事例

（1）景観の形成と変容

　京都市の西部に位置する嵯峨嵐山地域は，京都を代表する景勝地である。京都市が公表した「京都観光総合調査」によると，観光客が訪れた市内訪問地のなかで，嵯峨嵐山地域は日本人観光客にとっても外国人観光客にとっても人気の高い観光地である。

　嵯峨嵐山は古くから貴族を中心とした富裕層の保養地として栄え，鎌倉時代には大量の植樹が行われて桜と紅葉の名所となり今にいたっている。明治中期になると，散在していた観光資源を一帯とするべく道路整備，亀山公園の創設，大堰川筋の整備などが行われ，観光客向けの旅館，料亭，休憩所（茶店）などの施設もつくられた。戦前，戦後における鉄道の発達も観光客を送り込む大きな要因になった。1970年代に「アンノン族」も多く訪れ，京福電気鉄道（通称：嵐電）の嵐山駅舎の2・3階部分に日本初の女性専用ホテル「嵐山レディースホテル」が誕生した。1980年代から90年代にかけて，タレントショップが乱立したが，その後不景気とともに撤退した。2000年代に入ってから欧米の観光客が徐々に増え始め，2008年頃からはアジア圏の観光客が急増し，新型コロナウイルス流行前は中国語圏観光客を中心に外国人観光客が嵯

峨嵐山を訪れる観光客全体の 80％を占める状況となった。

　長い間，渡月橋と天龍寺（世界遺産）は観光地・嵐山のランドマーク的スポットだったが，2000 年代以降，竹林の道が外国人観光客，とりわけ中国語圏観光客のあいだで人気が高まり，混雑する観光スポットと化した。

（2）竹林の道

　竹林の道というのは，野宮神社から天龍寺の北側を通って大河内山荘庭園へ通じる長さ 400 mほどの竹林の小径を指している。嵯峨嵐山に関する古い資料を調べてみればわかるように，もともとここは静かなところで，観光スポットではなかった。1932 年に嵯峨自治会が発行した郷土誌『嵯峨誌』には，芭蕉がかつて落柿舎に滞在したときに辺りの静寂を詠んだ句「時鳥大竹藪を洩る月夜」が記載されている。

　しかし時代は移り変わり，竹林の道は整備され，次第に「幻想的な」風景として描かれるようになった。たとえば JTB パブリッシングが運営する「るるぶ＆ more」というウェブサイトでは，竹林の小径は次のように書かれ，「ちょっと立ち寄り」「女子おすすめ」のラベルも付けられている。

　　青々とした竹は空を覆うほど高く，晴れた日は竹林からもれる日差しを浴びて，気持ちよく散策できる。天気が悪いと昼でもほの暗いがそれもまた趣がある。夕暮れ時も幻想的で，まるで異次元に迷い込んだかのよう。京を代表する風景であり，テレビドラマなどにもよく登場する。また，初冬の新たな風物詩「嵐山花灯路」では，竹林の両側がライトアップされ，灯りにゆらめく夜の竹林の幻想的な景色が楽しめる[19]。

　2003 年の「ラストサムライ」，2005 年の「SAYURI」など日本を舞台にしたハリウッド映画のヒットが，竹林という「日本らしい風景」を見にくる欧米人観光客の増加につながったという説もあるが，世界で最も読まれているガイドブック『ロンリー・プラネット』が日本ガイド2013 年版の表紙に竹林の道の写真を使ったことは，かなりの宣伝効果があったと考えられる（口絵 3）。しかし，中国語圏観光客のあいだで竹林の道が人気になったきっかけの一つは，ロケ地の誤認である。台湾出身でアメリカ在住のアン・リー（李安）監督の映画「臥虎藏龍（グリーン・デスティニー）」は，2001 年にアカデミー賞の作品賞を含む 10 部門でノミネートされ，外国語映画賞など 4 部門を受賞した。その映画のなかに，竹林の上を飛びながら戦うという美しく印象的なシーンがあったが，それが嵐山の竹林でロケしたといううわさが立ったのだ。

　間違った情報にもかかわらず，嵐山の竹林が「人気映画のロケ地」であるという説はさまざまなウェブサイトに転載され，中国最大の旅行プラットフォーム「馬蜂窩」（2010 年から運営開始）のウェブサイトとアプリでも，嵐山を紹介する重要なキーワードとして登場した。馬蜂窩にアップされた観光客の口コミを分析するとわかるように，竹林に関して自身の感想や体験よりも「ここが映画のロケ地だよ」と繰り返される投稿は，時間の推移とともに増えている。同時に急増したのは，「人波でごった返している」「人の流れが絶えない」「黒山のような」といった混雑ぶりに関するコメントであり，もはや世の中からかけ離れた閑雅な場所という中国の伝統的な竹林イメージとは正反対になってしまった。投稿された写真も人波を避けるために上向きに撮影されたものが目立つ。そのなかに，「臥虎藏龍」のロケ地は嵐山ではないと中国にある竹林の名前をあげて説明する投稿も数件あったが，ウェブサイトの運営側にも利用者にも無視されていた。

　また，もともと竹林の道が「臥虎藏龍」のロケ地である情報は間違い
であるが，さらに別の形で誤りを再生産する投稿も見られた。2004 年
に中国の張 藝謀監督は映画「十面埋伏（LOVERS）」を製作し，「臥虎
藏龍」にも登場した章 子怡を主演女優として起用した。この映画にも
竹林のシーンがあったため，口コミ投稿のなかに，竹林の道は張藝謀監
督の映画ロケ地だという投稿もあったのだ。

　中国最大の旅行口コミサイトで竹林の道のイメージがどのように生成
され共有されたかを分析してわかったのは，口コミの膨大な量とは裏腹
に，実際に引用され，参照され，あるいは何度も繰り返される事柄はそ
れほど増えていないことである。そして，観光地のイメージ生成につな
がる情報を見ると，観光客自身の経験によるものや感想が減り，メディ
アに登場した場所を確認したり，チェックインしたりする「メディア巡
礼」ともいうべき行動についてのものが目立ち，従来のイメージは，そ
れらが繰り返されるなかでさらに強固なものになった。つまり，竹林の
道が本当のロケ地であってもなくても，「有名な場所にいる」「チェック
インした」「写真を撮った」ことがより重要視されていることが，口コ
ミ投稿から読み取れたのである[20]。

（3）観光と文化交流

　国連世界観光機関（UNWTO）が提唱する「世界観光倫理憲章」で
は，観光客は受入地域や国の属性や習慣と調和し，それぞれの法，習慣
や慣習を尊重した形で観光活動をおこなうべきであり，一方で受入側地
域社会や地域社会の専門家は訪問する観光客をよく理解，尊重し，観光
客の生活習慣，嗜好，期待を知るべきであると呼びかけている[21]。し
かし，大規模な国際移動がさかんになり，海外旅行が日常的な行為に
なってきてから，観光客（ゲスト）と受入地域（ホスト）の関係は複雑

化している。特にメディアは，観光地のイメージと同じように，観光客のイメージも作り上げていく。とりわけ外国からの観光客に対して，そのイメージは時にステレオタイプとして描かれる。たとえば帽子をかぶり，カメラを首からぶら下げていたところで写真を撮るという欧米の視線で見た 1980 年代の日本人観光客のイメージや，近年に日本のメディアで「爆買い」という造語とともに取り上げられた中国人観光客のイメージは，その代表的な事例であろう。

インバウンドが促進されて外国人観光客が押し寄せるなか，嵯峨嵐山では，自然や歴史文化をどのように守り，どう見せていくかという大切なことを今一度，地域全体で共有することが必要という認識から，2010年に地元商店街関係者，観光事業者，地元企業，市職員などをメンバーとする「嵯峨嵐山おもてなしビジョン推進協議会」が創設された（以下「推進協議会」）。これまでに「推進協議会」はさまざまな取り組みをおこなってきた。2010 年に，中国語圏観光客の急増に対応し，「推進協議会」は留学生と協同して「嵯峨嵐山おもてなしヒント集」を作成した。そのなかで，文化の違いを認識し，異文化理解を図るために，「○○の不思議」といった形で，観光客がとる行動とその理由について説明した。2015 年に，商店街や行政関係者ら約 60 名が参加したワークショップでは，中国語圏観光客の特徴について「学び」，観光客に接する際の取り組みや問題点，そして不安や期待について「対話」した。ワークショップなどで得られた成果を実際のおもてなしで生かせるかを確認するために，2016 年 2 月，中国語圏最大の祝祭日である春節（旧正月）に合わせて，「推進協議会」は実証実験をおこない，筆者も企画段階からかかわった。嵐電嵐山駅前の会場で「餅つき」を実施したほか，春節でよく用いられる「福」のステッカーを各店舗や人力車に飾ることで，中国語圏観光客に歓迎の意思を伝えた。「餅つき」会場でアンケート調

査をおこなったが，中国語圏観光客のほとんどは，春節行事に込められた嵐山の人々のおもてなしを嬉しく感じており，また多くの人は日本のお正月の風習も紹介してほしいという日本文化への関心を示した。一方，準備段階では，春節の演出は日本人観光客の目にどう映るか，中国語圏観光客に迎合するものだと思われないかという心配の声もあったが，調査結果を見ると，嵐山を訪れた日本の観光客の大部分は春節行事を好意的に評価し，「楽しいイベント」として受け入れた。

　また，筆者は「推進協議会」と共同で，嵐山を来訪した中国・復旦大学ジャーナリズムスクールの学生や教員が参加するワークショップを2度開催した。1回目（2015年9月）は，40名ほどの学生たちがまず嵐山の観光スポットを回り，「嵐山印象」（嵐山のイメージ）について発表した。もともと嵐山にどのようなイメージを持ち，そのイメージがどこから来たか，そして実際の観光を通じて嵐山のイメージが変わったかどうか，一番印象に残ったのは何か，そのイメージを発信したかどうかな

図 10-2　嵐山ワークショップの様子（学生たちが示した一番印象に残った　　　　　ショット）（2015年）
（どちらも劉雪雁撮影）

どを探る内容が組み込まれた。ワークショップを通じて，学生たちは日本語がほとんどできないにもかかわらず，嵐山の風景よりも片言の日本語や英語と身振り手振りで会話（コミュニケーション）が成立する人力車が一番印象に残ったことがわかった（図10-2）。

　2回目（2017年10月）は，6名の教員と学生が商店街の花屋，竹工房，座布団店などで普段観光客がのぞけない舞台裏を訪ね，ものづくりの現場を見学したあと，地元商店街の人々や観光関係者と意見交換した。教員と学生たちは地元の方たちの地域愛を知って嵐山への理解が深まり，新たなイメージを持つようになったと語る。

　以上の嵐山でおこなわれた観光と文化交流をめぐる実践が証明したように，観光地で地元の人々と触れ合うことは，ゲストとホスト，観光客と観光対象を結びつける重要なポイントであり，観光客は地元の人々と会話（コミュニケーション）するプロセスのなかで，観光地に対するイメージを形成していく。そして，異文化を理解し尊重する姿勢は，自身の文化への理解につながること（たとえば「嵐山らしさ」とは何か，「日本らしさ」とは何か）も，一連の実践で確認することができた。「世界観光倫理憲章」に明記されているように，「人間と社会間の相互理解と敬意」へ貢献することは，観光の最も重要な価値である。マス・ツーリズム時代ではふり返る余裕がなくなってしまった観光客と受入地域の人々との交流は，アフターコロナの観光を考える際に欠かせない要素になるだろう。

注

(1) ウェッジ（2014），JR東海「そうだ　京都，行こう。」25周年特設サイトを参照。
(2)「電通報」2018年10月11日を参照。

(3) 京都市産業観光局 (1995) を参照。

(4) 近年の CM には親子，子供，僧侶，若い女性が少しばかり登場している。

(5) 杉本 (1976) を参照。

(6) 井口・池上 (2012) を参照。

(7) ブーアスティン (1964) を参照。もとの訳文は「イメジ」。

(8) アーリ (2012)，アーリ，ラースン (2014) を参照。

(9) 京都国立近代美術館「ローマ追想──19 世紀写真と旅」を参照。

(10) アーリ，ラースン (2014) を参照。

(11) 柳田 (2011) を参照。

(12) ブーアスティン (1964) を参照。

(13) 荒山 (2018) を参照。

(14) 山口 (2007, 2010) を参照。

(15) 原田 (1984) を参照。

(16) アーリ (2015) を参照。

(17) バウマン (2001) を参照。

(18) トリップアドバイザーを参照。

(19) るるぶ＆ more を参照。

(20) 劉 (2020) を参照。

(21) 国連世界観光機関 (UNWTO)「世界観光倫理憲章」を参照。

参考文献・情報

ジョン・アーリ／吉原直樹・大澤善信監訳，武田篤志ほか訳『場所を消費する』法政大学出版局，2012 年（原著 1995 年）

ジョン・アーリ／吉原直樹・伊藤嘉高訳『モビリティーズ：移動の社会学』作品社，2015 年（原著 2007 年）

ジョン・アーリ，ヨーナス・ラースン／加太宏邦訳『観光のまなざし〔増補改訂版〕』法政大学出版局，2014 年（原著 2011 年）

荒山正彦『近代日本の旅行案内書図録』創元社，2018 年

井口貢・池上惇編著『京都・観光文化への招待』ミネルヴァ書房，2012 年

ウェッジ編『「そうだ 京都，行こう。」の 20 年』ウェッジ，2014 年

京都市産業観光局『京都市観光調査年報 平成 7 年版』1995 年

杉本秀太郎『洛中生息』みすず書房，1976 年

ジークムント・バウマン／森田典正訳『リキッド・モダニティ：液状化する社会』
　大月書店，2001 年（原著 2000 年）

原田ひとみ「"アンアン""ノンノ"の旅情報：マスメディアによるイメージ操作」
　『地理』Vol. 29，1984 年 12 月号，古今書院

ダニエル・J・ブーアスティン／星野郁美・後藤和彦訳『幻影の時代：マスコミが
　製造する事実』東京創元新社，1964 年（原著 1962 年）

堀永休編『嵯峨誌』嵯峨自治会，1932 年

柳田国男『雪国の春　柳田国男が歩いた東北』角川ソフィア文庫，2011 年

山口誠『グアムと日本人：戦争を埋め立てた楽園』岩波新書，2007 年

山口誠『ニッポンの海外旅行：若者と観光メディアの 50 年史』ちくま新書，2010
　年

劉雪雁「旅行アプリにおける中国人観光客の口コミ情報から見る観光地イメージの
　生成と共有：嵐山・竹林の道を事例に」『セミナー年報 2019』関西大学経済・政
　治研究所，2020 年 3 月

ウェッジ（2014），JR 東海「そうだ　京都，行こう。」25 周年特設サイト
　https://souda-kyoto.jp/25th/index.html

国連世界観光機関（UNWTO）「世界観光倫理憲章」　GCET.pdf（unwto-ap. org）

「電通報」2018 年 10 月 11 日　https://dentsu-ho.com/articles/6296

京都国立近代美術館　https://www.momak.go.jp

トリップアドバイザー　https://www.tripadvisor.jp/

るるぶ & more　https://rurubu.jp/andmore/spot/80027218

馬蜂窩（マフォンウォー）　http://www.mafengwo.cn/

観光ガイドブックと旅行口コミサイトを比較してみよう

　同じ観光スポットについて，観光ガイドブックに掲載された写真や説明内容と，旅行口コミサイトに貼りだされた写真や書き込まれたコメントの内容を比較し，観光イメージがどのように作り上げられているかを分析してみよう。特に観光地で撮られた風景の写真を比較してみて，まなざしの向け方について考えてみよう。

11 │ デジタル時代における空間と人間の可能性

劉　雪雁

《**目標＆ポイント**》　新しいデジタル・メディアが生活に介入することで，空間や人間とメディアとの新しい関係が生まれることがある。本章では監視カメラ，フードデリバリーサービス，周縁化された人々のメディア利用を取り上げ，デジタル時代における空間と人間の可能性を見ていく。中国の事例を中心に取り上げるが，中国に限らず現代社会の普遍的な課題でもある。

《**キーワード**》　監視カメラ，『1984 年』，デジタルレイバー，エンパワーメント

第 9 章と第 10 章では，観光という切り口から空間とメディアの関係性の変化を見てきた。本章では，デジタル・メディアの普及によって生じたリアルな空間にバーチャルな情報が重畳していく現象が，人々の日常生活をどのように変えたかについて考察する。

イギリスの作家ジョージ・オーウェルが 1948 年に執筆し，翌 49 年に刊行されたディストピア小説『1984 年』は，時代を超えて読み続けられている名作である[1]。独裁者「ビッグ・ブラザー」による絶対的な支配下にある社会と，そこに生きる人々の生活が描かれており，思想をコントロールするために駆使されるメディアが数多く登場する。

たとえば街中のいたるところに支配者の顔が描かれた巨大なポスターが貼られ，絵の下には「ビッグ・ブラザーがあなたを見ている」というキャプションがついている。しかもポスターに描かれたビッグ・ブラザーの視線は，それを見る者の動きをどこまでも追いかけてくる。ま

た。屋内，屋外を問わず盗聴器が仕掛けられている。そして主人公ウィンストンは，多くのメディアと関わる仕事をしている。彼は「真理省」の記録局に勤め，指示に従って過去のデータを書き換える毎日である。支配権力である「党」の現在の必要と矛盾しないように，新聞，書籍，定期刊行物，パンフレット，ポスター，ちらし，映画，録音テープ，マンガ，写真類など，すべてのメディアを対象に歴史を改ざんし，過去を再構成していくのだ。なお真理省の主たる仕事は，党の要求に応じてあらゆる種類の情報，教え，娯楽を市民に提供すること，さらに従来の言葉に代わるニュースピーク（新しい言語システム）を完成させることである。それが完成したら，誰もがこの言葉を学ぶ必要がある。

　そして『1984 年』において最も重要なメディアは，「テレスクリーン」である。テレスクリーンは，職場などの公共空間や個人の居室に設置されている双方向通信機能を持つ装置である。プロパガンダの道具として映像と音声が一日中流れるが，テレビと違ってテレスクリーンの前にいる人々は電源を切ることも音声を消すこともできない。さらに部屋全体を見渡せる位置に据え付けられているテレスクリーンは，監視カメラの役割も担っている。マイクも付いており，どんな行動や音も拾うことができる。ただこの装置はエリート階層と中間階層の家にしかなく，人口の 85％を占める労働者階級にはテレスクリーンを持つ人が少ないという格差が存在している。

　24 時間オンライン状態にある徹底的な監視社会を描いた『1984 年』は出版後，全体主義批判，権力の暴走への警戒などそれぞれの時代に付随する問題と連動しながら，世界中で読まれている。20 世紀末以降は，SNS やスマートフォンが普及し，監視カメラ，GPS，顔認識システム，ビッグデータ解析などの情報・通信技術が飛躍的に発展し，それらが日常生活に浸透するなかで，現実が『1984 年』に近づくという危惧を

もって語られることが目立つようになった。

1. 見張られている社会

（1）監視カメラの普及

　大手調査会社 IHS Markit が 2019 年末に発表した報告書によれば，世界では推定 7 億 7000 万台の監視カメラが公共空間に設置されており，その 54％ にあたる約 4 億 1580 万台が中国にある。さらに，2021 年末までに世界の監視カメラ設置台数は 10 億台を超える見通しだという[2]。また，イギリスの調査会社コンパリテックが 2020 年 7 月に発表した調査によると，世界の主要都市のうち，公共空間に設置されている監視カメラが最も多いのは北京で，115 万台となっている。次いで上海（100 万台），ロンドン（62.8 万台），太原（46.5 万台），デリー（43 万台）と続く。日本では東京が 1 位で約 4 万台，アメリカではニューヨークが最も多く約 2.5 万台となっている[3]。

　日本では，1960 年代から犯罪対策や交通事故対策のために，東京，神奈川，大阪のいくつかの道路や街路に，そして一部の警察署や交番に監視カメラが設置されるようになった。一方，民間では，「工業用テレビ」と呼ばれた監視カメラが 1950 年代から工場の作業を遠隔操作するために使われていた。設置が広まったのは 1970 年代から 80 年代で，金融機関やコンビニエンスストアを中心とした民間の店舗が，防犯目的で監視カメラを導入し始めたことによる。そして 1990 年以降，監視カメラの数は急増し，公共交通機関，学校，病院，公共施設，オフィスビルや商業施設などの防犯やテロ対策から，住宅のセキュリティ管理まで，その用途も設置主体も多様化した。公共空間に設置され，行き交う不特定多数の通行人を撮影する監視カメラの存在は日常的なものとなり，監

視カメラの存在を気にしない人が大多数となった。さらに 2000 年代に入って車に搭載する小型の映像記録装置ドライブレコーダーが実用化され，2020 年時点での普及率は 40％を超えている。

　一方，中国では 1980 年代初めに北京の天安門広場に最初の監視カメラが設置された。2015 年以降，政府の推進と機材の価格低下が相まって，その数は爆発的に増加し，中国は世界最大の監視カメラの生産地かつ市場となった（口絵 4）。監視カメラの技術はアナログからデジタルに進展し，さらにインターネット技術，AI 技術が取り入れられ，活用される段階に入っている。設置場所も都市部から都市周辺の農村部まで広がり，住居のケーブルテレビや住人の携帯電話と連動して，家周辺や留守宅をチェックできるシステムも構築されてきた。

（2）監視し，監視される世界

　監視というと，すぐにオーウェルの『1984 年』で描かれたビッグ・ブラザー，つまり独裁国家の支配者による一元的監視を連想することが多い。しかし，1990 年代以降の情報化社会の深化にともない，政治的のみならず，社会的，文化的にも監視の意味を理解し，その役割を考えることが必要不可欠になった。なぜなら，デイヴィッド・ライアンの言葉を借りると，「わたしたちはみんなある意味で，見る側と見られる側の両方として監視に巻き込まれている」からである。

　監視社会研究の第一人者，スコットランド出身のデイヴィッド・ライアンは，教鞭をとるカナダ・クイーンズ大学の監視スタディーズ・センターを主宰し，情報化社会に出現した新たな監視の形態や，監視と現代社会のさまざまな分野との関連について研究を進めてきた。ライアンは，監視とは「個人の身元を特定しうるかどうかはともかく，データが集められる当該人物に影響を与え，その行動を統御することを目的とし

て，個人データを収集・処理するすべての行為である」と定義する。

　監視といえば，よく想起されるもう一つの概念は，フランスの哲学者ミシェル・フーコーが『監獄の誕生』で取り上げた「パノプティコン」である。「パノプティコン」とは，中央の高い監視塔を囲んで囚人用監房が円形に配置された監獄建築の様式で，「一望監視施設」と訳される。囚人は常に監視者に姿をさらしているが，監房から自分を監視する人間を確認することはできない。このような「見る—見られる」関係が非対称的な状況のもとで，囚人たちは「いつも見られている」と監視者のまなざしを意識する。監視されていることを内面化することで，囚人たちは規律に服するように訓練される。しかし，「パノプティコン」や本章の説明した「ビッグ・ブラザー」は監視のモデルの一つに過ぎず，今日の監視はより複雑で隠蔽的である。

　ライアンによれば，21世紀では監視が毎日の生活に入り込んでおり，人々はその外側でそれに接触しているだけではなく，さまざまな文脈において内側からも関わっている。監視は安全性や利便性を増幅するための手段として歓迎される場合もあれば，不適切あるいは行き過ぎだと疑問視されて抵抗される場合もある。デジタル環境のなかで，人々は日常的にオンライン上でデータを公開していくため，「他者や自分自身を観察する可能性は，かつてないほど高まっている」。つまり，従来のような一部の人や組織がおこなう監視と違って，今は普通の人々が積極的に監視に関わるようになったのであり，それはデジタル時代の監視文化の特徴でもある。新型コロナウイルスの流行後，このような現象はさらに顕著になったといえよう。

　一方，位置情報を捕捉する能力を持つシステムが開発されたことで，携帯電話などの移動端末を使えば，誰がどこにいるかをリアルタイムに追跡できるようになった。社会学者のジークムント・バウマンは，社会

的形態の溶解や権力と政治の分離は「リキッド・モダニティ」の重要な特徴だと指摘するが，監視の権力を行使する主体も，国家に限ったものではなくなった。「リキッド・モダニティ」の流動性のなかで，「私たちの日常生活の詳細が私たちを監視する組織によってよりいっそう透明にされる反面，監視する側の活動は次第に見えにくくなっている(4)」のである。

（3）「Dragonfly Eyes 蜻蜓之眼（トンボの眼)」

　デジタル時代において監視の日常生活への介入が常態化しているなか，監視カメラは空間とどのような関係を持ち，どのような視角を提示しているのだろうか。監視カメラの映像がどのような意味を持ち，どのような可能性をはらんでいるかについて，世界的に著名な中国現代アーティストの徐冰は独創的な作品で問題提起をした。2017 年，徐冰は初監督作品「Dragonfly Eyes 蜻蜓之眼（トンボの眼)」(81 分) を発表し，スイスのロカルノ国際映画祭（2017 年）や第 18 回東京フィルメックス（2018 年）など各国の映画祭で上映している。

　この作品には，俳優もカメラマンも存在しない。すべての映像はウェブ上にアップされた監視カメラの映像から抽出されたもので，これらの断片的な素材をオリジナル脚本と組み合わせてつくったフィクション映画である。徐冰によれば，2013 年にテレビ番組で監視カメラの映像を見たことをきっかけに，監視映像から映画をつくりたいと思ったが，必要な素材を入手できず断念した。しかし 2015 年以降，無数の監視カメラ映像がウェブ上でリアルタイムに配信されていることを知り，この映画製作プロジェクトを再開。20 台のパソコンを使って 24 時間体制で膨大な量の映像を収集し，計 1 万 1000 時間以上の監視カメラ映像をダウンロードしたという。その 85％以上は，民間企業や個人が公開したも

図 11-1 「蜻蜓之眼（トンボの眼）」
　　　　のワンシーン
（提供：Xu Bing Studio）

図 11-2　美術館で上映される「蜻蜓
　　　　之眼（トンボの眼）」（2018 年）
（劉雪雁撮影）

のだった。徐冰は脚本に基づいて監視映像から必要な断片をピックアップし，物語が成立するようにつなぎ合わせ，必要なシーンがどうしても見つからない場合は脚本を書き換えるという作業を 2 年にわたりおこなった[5]（図 11-1，図 11-2）。

　最終的にこの映画では，中国全土に点在する約 300 カ所の監視カメラによって撮影された映像を使用している。その半数以上においては，カメラの設置場所の位置（GPS）情報と撮影時間が映像にも表示されており，映画のエンドロールでは出演者や撮影スタッフの名前の代わりに，映像を使用したすべての監視カメラの GPS 情報を明記した。また，映画製作チームは監視カメラの GPS 情報を手がかりに各地へ出向き，映画に使われた素材のなかに顔がはっきりと読み取れる人を探し出して肖像権の使用許可をもらい，そのプロセスを記録したドキュメンタリー映像も作品の一部として，展覧会で上映された[6]。

　タイトル「Dragonfly Eyes 蜻蜓之眼（トンボの眼）」に示された，トンボの眼は，約 2 万個の小さな眼で構成された複眼であり，その一つ一つの眼で見た映像を合わせて 360 度近い視野を可能にしている。数億台

もの監視カメラに絶え間なく見張られて「世界は巨大な映画スタジオになった」と述べる徐冰は，監視カメラが無言かつ冷徹に映し出した世界のリアリティとは何かを作品を通して問いかけたのである。実際にこの映画は，従来のように監視をトップダウン的な政治的行為という枠組みで語るだけではもはや不十分であり，日常生活のすみずみまで浸透している監視の形は多様的，分散的になって，監視という行為が分権化していることを明らかにしている。

2. デジタル時代の労働者

（1）フードデリバリーサービス

　2020 年，新型コロナウイルスの感染拡大にともなう外出自粛を受けて，日本の都市部でフードデリバリーサービスが急成長し，自転車や原付バイクで疾走する配達員が急増した。以前のように電話などで飲食店やピザ屋に注文し，店側の店員が配達するサービスとは異なり，近年のフードデリバリーは，オンラインベースの注文・配達プラットフォームを利用するサービスが一般的になってきた。利用者がプラットフォームのスマートフォンアプリにアクセスすると，アプリは利用者があらかじめ登録していた住所をもとにその地域で提携している飲食店とそのメニューや配達の目安時間，配送料などを表示する。利用者が注文すると，注文情報がプラットフォーム経由で飲食店に伝達され，飲食店が調理を開始する。同時に，プラットフォームは店の近くにいる契約配達員を割り当て，配達員が飲食店からできあがった料理をピックアップして配達先に届けるという仕組みである。海外では，支払いは利用者が注文時に電子マネーかクレジットカードなどで済ませることが一般的であるが，日本では配達を受けた時に配達員に現金で支払うこともある。

　このようなフードデリバリーサービスが最も発達している国は中国である。CNNIC（中国インターネット情報センター）が2021年9月に発表した第48回「中国インターネット発展状況統計報告書」によると，2021年6月現在，スマートフォンでフードデリバリーサービスを利用する人は4億6900万人に達し，スマートフォンユーザーの46.4％を占めている[7]。

　中国のフードデリバリーサービス業界は，「美団（メイトゥアン）」と「餓了麽（ウーラマ）」の2社による寡占状態にあり，主な大都市では9割以上のシェアを占めている。より多くの注文獲得と，より迅速な配達を競う両社は，アルゴリズムやGPSを駆使して配達員に直線距離で計算される配達時間と配達ルートを提示し，こうして同じ配達距離に対する配達時間はますます圧縮されていく。2020年10月の時点で，全国のフードデリバリーサービスの配達員は700万人を超え，そのほとんどが出稼ぎ労働者である。競争が激しさを増すなか，配達員にとって配達の遅延と利用者からの低評価や苦情は収入減や失業につながる死活問題であり，しかも配達員個人に限らず，所属する配達ステーションの責任者にも連帯責任が生じる。リアルな空間とバーチャルな情報が折り重なる状態のなかで，遅延を避けようと信号無視や逆走など配達員の交通違反行為が目立ち，それにともなう交通事故の増加が社会問題化している。

（2）デジタルレイバー（Digital Labor）

　2000年代以降，デジタル・メディア，デジタル経済の発達にともない，労働がどのように変化しているかを考察し，情報通信技術産業が労働者の心身に与える影響を検証する研究が進められてきた。たとえば，シンガポール国立大学の邱林川（キュウリンセン）教授は2009年にNetwork Labor（ネットワークレイバー）という概念を提起し，インターネット社会における

労働者の新しい特徴を取り上げている[(8)]。近年では，デジタルレイバー（Digital Labor）という用語が使われるようになった。

　ウエストミンスター大学コミュニケーション・メディア研究所の所長を務めるクリスチャン・フックスは，今日，デジタル領域から完全に独立した文化的労働はほとんどないため，デジタル技術，デジタル・コンテンツの生産と再生産に関わるすべての人がデジタルレイバーにあたると考えている。たとえば，ソーシャルメディアにおける無報酬の生産消費者（プロシューマー），iPhone 製造最大手フォックスコンの中国工場の組立工，コンゴの鉱山でスマートフォンや電気自動車で使われる原料コバルトを採掘する労働者など，これらの労働はいずれもデジタル・メディアに直接に関係している。フックスの概念に従えば，フードデリバリーサービスを支えている配達員もデジタルレイバーに含まれる。

　フックスによれば，デジタルレイバーは，インターネットをめぐる政治経済学の議論においては重要な基礎概念である。情報のデジタル化は労働のプロセスを根本的に変え，労働市場には二つの異なる「デジタルワーク」の概念が導入された。一つ目は，配車サービスやフードデリバリーサービスなどのプラットフォームに見られるように，労働者が低賃金で社会保障もなく，独立した契約者として働くケースである。この場合，デジタルレイバーは自らリスクを負わなければならず，デジタル技術の発達によって労働者の権利は大幅に削減され，不安定な労働状態が続く。日本でも，ウーバーイーツで働く配達員たちが労働環境を改善するために労働組合を結成し，活動している。そしてもう一つのデジタルワークは，Facebook や Google に見られるように，個人情報を収集してビッグデータに変換するプラットフォームがユーザーの労働を無報酬で使うケースである。デジタルレイバーの生活時間と労働時間に明確な区別がなくなり，新しい無償労働を生み出すのが特徴でもある。有償，

無償を問わず，デジタル・プラットフォーム企業による市場の独占化・寡占化が進むなか，デジタルレイバーは搾取される立場にある⁽⁹⁾。

3. 中国の「新労働者」とメディア利用

（1）生活基盤化したインターネットとモバイル・メディア

　中国における情報技術とインターネットの急速な成長は，人々の従来の生活スタイルやメディア環境を一変させた。CNNIC（中国インターネット情報センター）は，中国におけるインターネットの発展状況を年2回発表している。1997年の初回統計では，インターネットの利用者は62万人だったが，10年後の2007年は2億人を超え，2021年6月には10億1100万人に達した。

　これよりもさらに目を引くのは，携帯電話利用者の急増と，携帯電話によるインターネット利用の爆発的な発展である。携帯電話の契約者数は2020年5月の時点で15億9200万件に達した。2021年に携帯電話でインターネットを利用する人は10億700万人になり，インターネット利用者全体の99.6％を占めている。中国は世界で最も使われているインターネットサービスをシャットアウトする一方で，同じ機能を持つサービスの発展を独自に推し進め，国内市場で激しい競争が繰り広げられている。2009年に誕生したミニブログサービスのウェイボー（Weibo）は，かつて最も活発なSNSだったが，アクティブユーザー数は2016年生まれのショート動画共有アプリであるドウイン（TikTok）に追い抜かれた。一方，2011年にサービスを開始したインスタントメッセンジャーアプリのウィーチャット（WeChat）は生活基盤化し，音声や文字連絡，情報共有だけでなく，ネットショッピングや公共料金の支払い，予約，注文，決済，送金，メールや書類のやり取りなど，

バーチャルからリアルまで生活のすみずみに浸透している。

（2）メディアを活かして声をあげる「新労働者」

　過去 40 年間，中国では農村からの出稼ぎ労働者は都市部の建設業，製造業と商業，サービス業を支えてきた。もともと都市部に住む正規労働者と違って，「農民工」と呼ばれる彼らは都市部の戸籍を持たないため，流動人口または暫定居住者として，雇用が安定せず，社会保障が不十分なまま都市に住みついている。これらの出稼ぎ労働者は，仕事と生活のために 1990 年代からポケベル，PHS など新しい情報技術を積極的に使用してきた。インターネットと携帯電話が普及するなか，都市生活に慣れた出稼ぎ労働者たちには「新労働者」としての自覚が芽生え，情報を受信するだけでなく，労働者同士が交流，連携し，メディアを活かして自ら声をあげるようになった。たとえば，インターネットと携帯電話を使ってストライキを呼びかけたり，新聞をつくる，文学作品を書く，バンドを結成してオリジナルの楽曲をつくり公演する，文化祭を開催するなど，内容も形式も豊富である。従来のマスメディアが出稼ぎ労働者について取り上げることは少なかったが，ソーシャルメディアの発達とともに「新労働者」たちは自分たちの文学作品や楽曲，動画などを自身のウェブサイトやアカウントで公開し始め，その活動がマスメディアの公式アカウントにも取り上げられて全国的にヒットするという事例も見られるようになった。

　デジタル時代において情報発信に対するハードルが下がり，移動の多い出稼ぎ労働者でも利用しやすいウィーチャット（WeChat）やドウイン（TikTok）などのサービスが普及したことで，「新労働者」たちがメディア制作に関わる条件が整ったといえる。また，メディアを使って声をあげようという意欲は，「新労働者」の社会的不公平に対する疑問と，

権利意識の向上を示してもいる。女性労働者たちの作品のなかには，出稼ぎ先での生活の記録だけではなく，農村部における人身売買や家庭内暴力など，出身地に存在する問題に目を向けるものも増えているのである。

4. 周縁化された人々をエンパワーする

　中国社会科学院ジャーナリズムとコミュニケーション研究所の卜衛教授は，中国におけるメディア・リテラシー教育の研究と実践の第一人者である。彼女がおこなってきた実践には，いずれもメディアの活用を通して周縁化された人々をエンパワーすることで，より公正で機会平等な社会を実現し，よりよい生活を目指すという理念が貫かれている。

　卜衛は，農村の留守児童（出稼ぎの両親と離れて農村に残された子供），流動人口が集中する地区の流動児童（出稼ぎの両親と一緒に故郷を離れて都市で暮らす子供），工業団地で働く女性労働者，少数民族の女性，エイズ感染者，身体障害者など，周縁化された人々とメディアとの関係に関心を持ち続けてきた。卜衛によれば，中国におけるメディア・リテラシー教育の大半は，都市部に暮らす主流の人々の経験をもって構築されている。周縁化された人々の経験や知識を尊重しなければ，こうした教育により彼らが文化的にも周縁化されてしまうことを彼女は警戒している。

　卜衛の実践はいずれもプロジェクト形式で，ワークショップの方法を採用してきた。周縁的な子供たちの苦境を直視し，彼らの声に耳を傾け，一緒に作業し，「エンパワーメント」の枠組みのなかで行動を起こすことにより，彼らの境遇の改善に協力する。そのプロセスにおいておこなわれるメディア表現は，苦境に立つ子供たちが自信を持ち，声を出し，社会に溶け込み，コミュニティに参加し，エンパワーされるための

重要な手段となる。代表的なプロジェクトは，「農村の子供たちの声に耳を傾ける」（ユニセフのプロジェクト "Children's Express"，1999-2001)，「私たちは言いたいことがある」（エイズの被害を受けた子供のメディア参加プロジェクト，2005-07)，「流動する心の声」（流動児童の雑誌プロジェクト，2007)，「童声報」（農村留守児童のプロジェクト，2014)，「ビデオで私たちを記録する」（農村留守児童のプロジェクト，2013-14) などである。

　近年は，リアルの空間で行われた実践の映像を微信（WeChat）の公式アカウントや動画サイトで積極的に公開し，周縁化された人々の活動を幅広く見せ，知ってもらおうと取り組んでいる。中国では，1980 年代から旧暦大晦日の夜に中央テレビ局で放送されるエンターテインメント番組「春節聯歓晩会」（略称：春晩）を見て年越しをする習慣があるが，その盛大な舞台に登場する演目の内容は，出稼ぎ労働者の生活とは遠く離れたものばかりである。そこで 2012 年から，卜衛の指導のもとで旧正月に故郷に戻らない出稼ぎ労働者たちが北京郊外で自ら「打工春晩」（出稼ぎ労働者の春晩）を企画・演出し，それを収録して動画サイトで公開してきた。また 2019 年には，卜衛は視力障害，聴力障害，脳性麻痺，肢体不自由など異なる障害を持つ 21 名の女性と一緒に「Hey girl!」という曲をつくり，互いに協力してダンスも完成させた。その映像も動画サイトに公開されている。周縁化された人々がさまざまなメディアを利用して自分の声を出し始め，メディアを通して自分の姿を見せることで，社会の一員としての自信と責任感を持つことができるようになったという。

　中国では，いまだに都市と農村のあいだ，各社会階層のあいだ，健常者と身障者のあいだに大きな格差が存在している。しかし以上の事例からわかるように，デジタル・メディアの浸透により，リアルな空間で周

縁化された人々は情報を受信し発信する力を手に入れ，個人の権利に目覚め，社会参加意識の向上につながった。このような現実社会の垣根を越える行動は多くの人々の共感を呼び，その影響力も広がりつつある。デジタル・メディアが空間と人間の新しい関係を作り出す可能性は，国境を越えて展開されるメディアの実践やコミュニケーションの形からも見られる。それについては第12章で論じたい。

注

(1) オーウェル（2009）を参照。
(2) The Wallstreet Journal（2019）を参照。
(3) Comparitech（2021）を参照。
(4) ライアン（2002），（2011），（2019），バウマン，ライアン（2013）を参照。
(5) artnet（2019），一条 Yit（2019）を参照。
(6) 陸・徐（2020）を参照。
(7) CNNIC（2021）を参照。
(8) 邱（2013）を参照。
(9) Fuchs and Sevignani（2013），Fuchs（2014）を参照。

参考文献・情報

ジョージ・オーウェル／高橋和久訳『一九八四年［新訳版］』早川書房，2009 年（原著 2003 年）

ジグムント・バウマン，デイヴィッド・ライアン／伊藤茂訳『私たちが，すすんで監視し，監視される，この世界について：リキッド・サーベイランスをめぐる7章』青土社，2013 年（原著 2013 年）

デイヴィッド・ライアン／河村一郎訳『監視社会』青土社，2002 年（原著 2001 年）

デイヴィッド・ライアン／田島泰彦・小笠原みどり訳『監視スタディーズ：「見ること」「見られること」の社会理論』岩波書店，2011 年（原著 2007 年）

Christian Fuchs, *Digital Labour and Karl Marx.* New York Routledge, 2014.

Christian Fuchs and Sebastian Sevignani, *What is Digital Labour? What is Digital Work? What's their Difference? And why do these Questions Matter for Understanding Social Media?* CC：Creative Commons License, 2013.

卜衛「民族誌教學：以《第一屆打工文化藝術節》的參與式傳播為例」《新聞學研究》第 102 期, 2010 年 1 月（教育方法としてのエスノグラフィー：第一回出稼ぎ労働者文化芸術祭の参加型コミュニケーションを事例に）

IHS Markit「智能视频监控发展趋势」 Intelligent_video_surveillance_trends_IHS_Markit_CN.pdf （インテリジェント監視カメラの発展動向）

陆晔・徐子婧「"玩"监控：当代艺术协作式影像实践中的"监控个人主义"——以《蜻蜓之眼》为个案」, 南京市社会科学界联合会《南京社会科学》, 2020 年第 3 期（監視を「プレイする」：現代アート協働式映像実践における「監視個人主義」：「トンボの眼」を事例に）

邱林川《信息时代的世界工厂：新工人阶级的网络社会》广西师范大学出版社, 2013 年（情報化時代の世界工場：新労働者階級のネットワーク社会）

A World With a Billion Cameras Watching You Is Just Around the Corner
　　https://www.wsj.com/articles/a-billion-surveillance-cameras-forecast-to-be-watching-within-two-years-11575565402?reflink=desktopwebshare_permalink

Surveillance camera statistics：which cities have the most CCTV cameras?
　　https://www.comparitech.com/vpn-privacy/the-worlds-most-surveilled-cities/

artnet「徐冰：如何在非传统的《蜻蜓之眼》中寻找真实？」（2019 年 8 月 31 日）（非伝統的な「トンボの眼」から真実を如何に探すか？）
　　https://www.artnetnews.cn/art-world/xubingruhezaifeichuantongdeqingtingzhiyanzhongxunzhaozhenshi-118315

CNNIC「第 48 次中国互联网络发展状况统计报告」（2021 年 9 月）（第 48 回「中国インターネット発展状況統計報告」）
　　http://www.cnnic.cn/hlwfzyj/hlwxzbg/hlwtjbg/202109/P0202109155236709815

27.pdf

頼祐萱「外卖骑手，困在系统里」《人物》2020 年 9 月（システムに閉じ込められた
　　フードデリバリー配達員）

　　https://mp.weixin.qq.com/s/Mes1RqIOdp48CMw4pXTwXw

徐冰公式サイト　http://www.xubing.com/

徐 冰『蜻蜓之眼 Dragonfly Eyes』Leisure and Cultural Services Department
　　(LCSD), Hong Kong SAR Government（2017 年）　https://qr.paps.jp/Mrhtc

Xu Bing Studio「Dragonfly Eyes 蜻蜓之眼 Official Trailer」（2017 年）

　　https://www.youtube.com/watch?v=-ccfz77ifeU

一条 Yit「《蜻蜓之眼》：全球首部无演员，无摄影师的电影（Dragonfly Eyes：the
　　First Film with No Actor or Cameraman in the World）」（2019 年）（「トンボの
　　眼」：世界初の俳優もカメラマンもいない映画）

　　https://www.youtube.com/watch?v=sAQp1Uk4Zv8

学習課題

中国の農村の子供たちが撮影したビデオ映像を見てみよう

　「180 台のカメラが見た物語（Stories through 180 Lenses）」は，国連
ユニセフ（UNICEF）がサポートしたプロジェクトの一環として作られ
たドキュメンタリー。農村の小学校の子供たちに 180 台のビデオカメラ
を渡し，それぞれの日常生活を記録させたメディア・リテラシー実践の
記録でもある。英語字幕あり。

●http://v.youku.com/v_show/id_XNzk5MTA5ODA4.html

12 | グローバル化社会：
越境する人とメディア

劉　雪雁

《**目標＆ポイント**》　第8章から第11章では，この授業の一つの柱である空間軸に沿って，場所，空間とメディアの関係性に関する理論と思想を概説し，メディアの発展が観光や日常生活にもたらす変化を見てきた。本章では，グローバル化社会における空間（地理）的想像力の必要性ついて説明し，越境的なつながりをベースとする対話の可能性を検討していく。
《**キーワード**》　越境，エスニック・メディア，フィルターバブル，分断，対話
....

　21世紀に入ってから，世界人口に占める国際移民の割合は増え続けている。国連が公表したデータによれば，2020年現在，世界人口の約3.6％にあたる2億8000万人が出身国とは別のところで暮らしている。ちなみに，2000年の時点でその比率は2.8％であった[1]。人々の移動の歴史は古く，現代に始まったことではないが，国境を越える国際移動は第二次世界大戦以降，とりわけ1980年代半ば頃から急増し，グローバル化を象徴する現象の一つとなっている。交通手段やデジタル技術の目まぐるしい発展は，人々の越境をはじめ情報，文化の越境を推進し，同時にその形を変容させたといえよう。

1. 越境者と国境を越えるメディアの変化

（1）エスニック・メディアの発展と変容
　エスニック・メディアは，主にエスニック・マイノリティの人々によって作られ，そのエスニック集団の人々を対象とするメディアを指

す。1980年代半ば以降，留学，就労，国際結婚などの目的で来日する外国人が増え，それにともない，彼らが自前のメディアを持つ現象も顕著になってきた。こういった越境者とメディアの関係が注目され，エスニック・メディアという視点からの研究が進められてきた。エスニック・メディア研究の出発点は，アメリカの社会学者ロバート・パークが1920年代初めにおこなった移民新聞に関する古典的な研究にさかのぼることができる。シカゴ学派の基礎を築いた主要人物であるパークは，アメリカにやってきた移民が言葉の壁によりホスト社会から生活上の必要情報を直接に得ることができないため，同じエスニック集団のなかで発行された小さなエスニック新聞を読んで，ホスト社会に生き，溶け込んでいく現象を分析した。

　1990年代に日本に現れた多様なエスニック・メディアを研究した白水繁彦は，エスニック・メディアが集団内的機能と集団間的機能を持っていると分析する。まず集団内的機能として，受け手であるエスニック・マイノリティの人々に日常生活のための情報を提供する，日本の歴史や文化を紹介し日本社会への適応を促進する，母語で表現する場を提供する，エスニック・アイデンティティの覚醒を促す，といったことがあげられる。一方，集団間的機能とは，自分たちのエスニック・グループを当該社会のマジョリティ（日本人）につなぐ場合と，他のエスニック・グループにつなぐ場合とがあるが，いずれにせよ自グループと当該社会のさまざまなグループとの「架け橋」としての役割である。このようなつながりによって，エスニック・メディアは社会安定機能を発揮することができる[2]。

　アメリカにおけるエスニック・メディアの発展過程を分析した町村敬志は，エスニック・メディアは性格上，「移民メディア」「マイノリティ・メディア」「越境者メディア」という三つのタイプに分けること

ができ，それぞれが違う社会的機能や文化的インパクトを持っていると論じた[3]。「移民メディア」は移民たちが定着していく過程で作られ，アメリカ社会への同化を前提としたメディアであるが，移民たちは英語を習得しアメリカ社会に溶け込んでいくにつれて，外国語で作られる移民メディアの需要性も低下していった。

　一方，「マイノリティ・メディア」は，エスニシティを基盤に多元的社会における集団の自立性を維持するためのメディアであり，特にラジオやテレビなどの音声や映像メディアが大きな力を発揮する。たとえばヒスパニック系住民向けのスペイン語メディアが発達することで，アメリカのなかにスペイン語が通用する世界ができあがり，拡大していくという事例がある。

　1990 年代以降，国境を越えて移動または移住する人々は多様化するとともに多層化してきた。従来のような国民国家の枠内にあるエスニック・コミュニティが国境を越えて広がり，それにともなって脱地域的な性格を持つ「越境者メディア」が出現した。送り手や受け手はホスト社会と出身社会の双方に関係していながらも，双方から独立していること，制作プロセス自体が国境に縛られていないことは，「越境者メディア」の特徴としてあげられる。

　インターネットが普及し始めた頃には，脱地域化する「越境者メディア」がすでに現れていた。1989 年 3 月 6 日に誕生した「中国新聞電脳網絡」（China News Digest，略称：CND）はその先駆けの一つである。CND は，カナダとアメリカに留学し，インターネットのフォーラムで知り合った朱若鵬，熊波，周孜冶，梁陸平の 4 人の中国人学生が，大学のコンピュータシステムを利用して立ち上げたメーリングリストから始まった。当時，インターネットの世界ではまだ英語しか使えず，留学生たちは当初はフォーラム，のちに BBS（掲示板）で英語を使ってコ

ミュニケーションをとっていた。その時代，留学先の国々のメディアには中国に関する情報が非常に少なかったため，CND は欧米通信社のニュースから中国関連の情報をピックアップし，毎日メーリングリストで登録者に送信する形でスタートしたのだ。第 1 号のメーリングリストの登録人数は 400 人だったが，1 カ月も経たないうちにその数は 3000 人に膨れ上がり，2 年後には 1 万人を超え，読者は 20 以上の国や地域に分散していた。留学生読者の 1 人は中国語文字コードを開発し，試行錯誤して初めてインターネットで中国語のメールを送信することに成功した。1991 年 4 月 5 日には，CND によって『華夏文摘（ファーシャーウェンジャイ）』という世界初の中国語オンライン・マガジンが発行された。編集スタッフはすべて世界各地にいる中国人留学生で，ほとんどの人は会ったことも話したこともなかった。一度もオフィスを構えたこともなく，すべてボラン

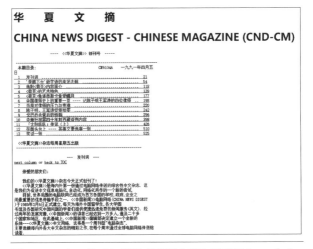

図 12-1　オンライン雑誌『華夏文摘』創刊号トップページ（1991 年）
（www.cnd.org/HXWZ/CM91/cm9104a.gb.html）

ティアベースで運営される形式は，今日まで続いている。インターネット初期の理想に満ちた頃の面影を残し，商業化をせず，いかなる組織にも属さない姿勢を徹底したことは，CND が今日まで生き残った大きな要因でもある（図 12-1）。

（2）グローバルな文化の流れの五つの次元

　インド生まれのアメリカの文化人類学者アルジュン・アパデュライは，新しいグローバルな文化経済は「複合的で重層的，かつ乖離的な秩序」であるため，従来の中心−周縁モデルや支配−従属モデルだけではとらえきれないと述べている。彼は 1996 年に出版した著書のなかで，グローバル化の複合的・重層的かつ乖離的な構造を分析する枠組みとして，五つの次元を提示した。それらは，「エスノスケープ」（人），「メディアスケープ」（イメージ），「テクノスケープ」（技術），「ファイナンススケープ」（資本），「イデオスケープ」（観念）であり，いずれもグローバルな流れ（フロー）として流動的で不規則な形を持っている。アパデュライによれば，これらのスケープは「想像の世界」，つまり「地球全体に広がる個人や集団の，歴史的に状況づけられた想像力によって構成される多様な世界」を支える基盤となっており，それぞれのスケープは独自の制約や刺激の影響下にあると同時に，相互作用の関係にある。

　アパデュライは特に，イメージに関与している「メディアスケープ」に注目している。「メディアスケープ」は，情報を生産し配信するメディアと，メディアによって作り出される世界についてのイメージである。彼によれば，そうしたイメージは，様式（記録か娯楽か），ハードウェアの種類（電子的か電子的以前のものか），対象となるオーディエンス（ローカルな範囲か，ナショナルな範囲か，トランスナショナルな

範囲か），イメージを所有し管理する者の利害に応じて，「多くの捻れを被ることなる」。世界中のオーディエンスに提供されたイメージは大規模で複雑で，「商品の世界とニュースや政治の世界とが分かち難く混在している」ため，オーディエンスが目にする現実と虚構の境界線は不鮮明になっている。

「エスノスケープ」と「メディアスケープ」の関係について，グローバルに広がる電子メディアが国境を越えて運んでくる映像を見た普通の人々は，自分が生まれた場所以外での生活を容易に想像できるようになり，アパデュライは，この想像力の働きが国境を越える人々の移動を活発化させたと指摘する[4]。

2. 国境を越えるメディアのさまざまな形

（1）遠隔地ナショナリズム

アメリカの政治学者ベネディクト・アンダーソンは，1983年の著書『想像の共同体』でナショナリズムは古くからある実体ではなく，近代化の過程において出版資本主義の発展によって作り出された「文化的人造物」であると論じた。そして1992年，アンダーソンは「〈遠隔地ナショナリズム〉の出現」という論文を発表し，そのナショナリズム論をメディアの発達がもたらす新しい状況に応じて発展させている。当時アンダーソンが取り上げたメディアは，「テレックス，電話，郵便など」であり，移民たちはこれらのメディアを使って母国と「接触」し続けることが可能になったことで，「遠隔地ナショナリスト」という新しいタイプの民族主義者が現れた。アンダーソンによれば，こうした人々は移住先の国で市民権を取得し快適な生活を営んでいるが，その国にはほとんど愛着を感じず，ファックスなどのメディアを使って，ほぼ距離のな

い「想像上の故郷」で生じている戦いに「プロパガンダ，武器あるいは
投票以外のあらゆる方法を利用して参加することによって，アイデン
ティティを基にした政治活動に加わりたいという誘惑を感じてい
る」⁽⁵⁾。

　その後，各地の研究者がおこなった移民や移住者に関する数々の研究
には，アンダーソンが論じる現象を証明するものがある一方，その逆の
事象を明らかにしたものもある。たとえば，ロンドンまたはベルリンに
いるトルコ移民たちが，トルコ国内の視聴者向けに放送された衛星
ニュースやテレビドラマを見ても，「国民的帰属の感覚を再生産する」
という結果がもたらされるとは限らないことや，ニューヨーク在住の日
本人女性たちが日本の衛星ニュースや番組を見て，日本よりアメリカの
方が自分に合うと感じたり，多様な人種や民族のなかで日本人はアジア
系のエスニック・マイノリティ・グループの一つに過ぎないと意識した
ことを明らかにしたような研究がある。こうした研究には，移住者や越
境者はメディアを媒介にして多元的・多層的な意識を形成したり，複数
の帰属感覚を維持したりすることが可能であると示唆するものも多
い⁽⁶⁾。

　アパデュライが注目したように，今日のナショナリズムは人々の情動
的共感の現れではなく，むしろはるか遠方で発生した事件の報道により
生じた国民国家内での大規模な相互作用や，領域の外で生活する人々の
あいだでの連動によるもので，最初からグローバル化されており，「祖
国」はもはや脱領土化した集団的想像力のなかにしか存在しない。そこ
に資本の要素が関わると，複雑さはさらに増していく。たとえば，「北
米留学生日報」という百数十万のフォロワー数を持つ微信（WeChat）
の公式アカウントを取り上げた 2019 年 8 月の『ニューヨーカー』誌の
記事によると，2014 年に設立され，中国人留学生のあいだで人気の高

いこのアカウントは，最初は1人の若者が北京で運営し，留学生活に役立つ内容を中心としていた。しかし2016年にナショナリズム関連の話題や世界の有名人のゴシップ，そして留学生関連の事件などの内容を提供し始めてから，閲覧数やシェア数が爆発的に増加し，その規模は2019年の時点で北京に30名，ニューヨークに15名のスタッフを持つまでに拡大した。20代，30代を中心としたスタッフには留学経験者が多く，どのような内容やタイトルが注目を集めるかについてもよく知っている。ナショナリズム関連の内容は，自分たちの読者層がいだいていたアメリカへのあこがれの幻滅と密接に関係していると編集長は語っており，アメリカをけなしたり批判したりする文章がヒットしやすく高収益につながるため，センセーショナルなタイトルをつける工夫をして一層の効果を出すことをねらっているという。

　一方で，メディア技術の目まぐるしい発展にともない，移住者や越境者たちが母国のメディアやニューメディアに簡単にアクセスできるようになった。移住先のコミュニティに存在し，エスニック・アイデンティティの担い手だったエスニック・メディアは，母国の大手メディアやニューメディアに対抗できるほどの資金力，人材，コンテンツを持たないため，次第に衰退していくことになった。

（2）遠隔地の「フェイクニュース工場」

　また，越境や移住にともなわない，別の意味でのメディアの越境も出現してきた。2016年のアメリカ大統領選挙において，アメリカから遠く離れた東ヨーロッパのバルカン半島に位置する小さな国マケドニア（現在の北マケドニア共和国）の地方都市ヴェレスに住む，アメリカ政治にまったく関心がない200人から300人の若者たちは，フェイクニュースづくりに手を染めた。この町は「フェイクニュース工場」とい

う異名を持つようになった。

　人口 5 万 5000 人のヴェレスは，ユーゴスラビア時代には工業の中心地帯として栄えていたが，1991 年にマケドニアが独立してから次第に衰退し，失業率は約 25％に及ぶ。報道によると，2016 年にこの町では100 以上のフェイクニュースサイトが運営されていた。そこでつくられたフェイクニュースは Facebook に投稿され，アメリカのさまざまな政治関連のグループにシェアされた。こうした記事には広告が埋め込まれており，シェア数が多ければ多いほど，発信者に入る広告収入が増える。一連の報道によると，フェイクニュースの発信で，多いときには月に約 60 万円の広告収入を得た青年がおり，この町では 1 年分の収入に相当するという。

　それ以降，Google や Facebook は不適切な投稿やアカウントを厳しく取り締まるようになったが，フェイクニュースの発信源の数やフェイクニュースの量は増え続けている。

3. 分断する空間と社会

　1960 年代にマクルーハンによって提起された「地球村」という概念は，統一的で平和的という理想的な世界を表す言葉として理解されることが多い。実際，「同じ世界，同じ夢」というスローガンを掲げた 2008 年北京オリンピックでは，開会式のテーマソングに「地球村」という文言が入れられた。しかし，マクルーハンは「地球村」の状態について，実に冷静に予測していた。1969 年 3 月に『プレイボーイ』誌のロングインタビューに答えて，マクルーハンは次のように語っていた。

　　電気技術によって作られた地球村状態は，古い機械的標準化された

社会よりも多くの非連続性と多様性と区別を促します。実際，地球村は，意見の不一致を最大にし，創造的対話を不可避にします。統一性と静謐は，地球村の特徴ではありません。それ以上にありそうなのが，愛と調和だけでなく，紛争と不和で，これはどのような部族的な人びとにとってもありふれた生き方です[7]。

「テレビとあらゆる電気メディアは，私たちの社会という繊維を解きほぐしてしまう」とマクルーハンは懸念を示したが，インターネット時代にその分断は顕著に現れてきた。

アメリカのインターネット活動家であるイーライ・パリサーは，2011年に「フィルターバブル」という概念を提起した。パリサーによれば，「他人の視点から物事を見られなければ民主主義は成立しないというのに，我々は泡に包まれ，自分の周囲しか見えなくなりつつある。事実が共有されなければ民主主義は成立しないというのに，異なる平行世界が一人ひとりに提示されるようになりつつある」。これには，個人に密着した情報を提供すればするほど広告料を稼ぐことができ，ユーザーの好みに合う製品を予測し提示する精度が高まれば高まるほど購入につながりやすい，という大手インターネット企業のパーソナライゼーション戦略が関わっている。人々は，それぞれが自分だけの情報宇宙に包まれることになりつつあるのだ。その結果，人々が新しいアイデアや情報と遭遇する形は根底から変化した。

フィルターバブルの登場により人々が直面する問題について，パリサーは次の3点を指摘した。

まず，1人ずつが孤立してしまうことである。情報の共有が体験の共有を生む時代において，フィルターバブルは人々を引き裂いてしまうからだ。次に，フィルターバブルは目に見えないという問題がある。たと

えば保守系や革新系のニュースの場合，以前ならほとんどの人はその政
治的偏向をわかった上で接触していたが，Google が提供する情報の場
合，人々はフィルターバブルを通して届けられる情報がどれほど偏って
いるかがわからず，また偏りに気づきにくい。そして最後に，フィル
ターバブルは，人々の自らの選択の結果ではないという問題がある。以
前は，どういうフィルターを通して世界を見るかについて，人々は能動
的に選択していたため，その発信者の意図をある程度推測することがで
きた。しかしパーソナライズされたフィルターの場合，自ら選択するの
ではなく，向こうから勝手に届けられてしまう。しかも，フィルターは
ウェブサイトに利益をもたらすために使われているわけで，避けたくて
も避けることがむずかしい。

　このような分断は，国，地域，民族，人種，階層など，地理的にも社
会的にもさまざまな形で現れている。各要素のあいだには複雑な関係が
あるため，簡単に解決できる問題ではない。たとえば，2016 年世界 SF
大会ヒューゴ賞を受賞した中国の SF 作家，郝景 芳の作品『折りたた
み北京』は，都市が第一スペース，第二スペース，第三スペースとい
う，景色もインフラもメディアも異なる三つの空間に分断され，各社会
階層の人々は自分が所属している空間以外とは自由に行き来できず，階
層の格差が固定されてしまう未来社会を描き出した。SF 作品ではある
が，現実社会の反映ともいえよう。

　また，ノーベル文学賞作家のカズオ・イシグロも，同様の問題を指摘
したことがある。イシグロによれば，インテリ系の人々は東京からパ
リ，ロサンゼルスなどを回って，あたかも国際的に暮らしていると思い
がちだが，じつはとても狭い世界のなかで暮らしている。なぜなら，ど
こへ行っても自分と似たような人たちとしか会っていないからだ。その
ため，最近は地域を超える「横の旅行」ではなく，同じ通りに住んでい

る人がどういう人かをもっと深く知る「縦の旅行」が必要だと感じたという。「自分の近くに住んでいる人でさえ，私とまったく違う世界に住んでいることがあり，そういう人たちのことこそ知るべきなのだ」とインタビューで答えている[8]。

4. 対話の可能性

　グローバル化が進むなか，メディアを通した「他者」との出会いが日常的になったことで，越境的なつながりや対話的な想像力と関係性を育むきっかけが生まれたことは事実である。しかし，「メディア文化をとおして培われる越境対話の可能性は，ナショナルな想像力が強化されることにより，さらなる進展が阻まれてしまっている」とカルチュラル・スタディーズ研究者の岩渕功一は指摘する。「メディア文化の越境流動が市場と資本の論理にますます取り込まれ，国家による管理と奨励が強まるなか，国という枠組みがグローバル社会における文化的な帰属の単位であるという認識が広く深く浸透し，政治・経済的な国益の増進のために文化力を利用しようとする議論がさかんとなっている」。岩渕は，国という枠組みの偏狭性や排他性を内部から打ち破っていくような，対話的な想像力と関係性の養成のために，どのように文化の領域に介入したらいいのかについての幅広い議論と，それに基づいた具体的な変革の実践が不可欠だと述べている[9]。

　実際に，国という枠組みにとらわれず，「変革の実践」はすでにさまざまな形で展開されている。

　たとえば，神戸国際大学教授で作家，翻訳家の毛丹青（マオタンセイ）がおこなっていた『知日』と『在日本』という雑誌づくりの実践は，その一つである。『知日』とは「日本を知る」という意味で，日本の文化やライフスタイ

ルを中国の読者に伝えることを目的に，2011 年 1 月に北京で創刊された。日本にまつわるありとあらゆるテーマを毎号取り上げ，平均販売部数は 10 万部，マンガの特集号は 50 万部が売れた。そして 2016 年 3 月，日本在住の中国人留学生らが執筆し，上海を拠点に隔月で発行する雑誌『在日本』が創刊された。『知日』の主筆，『在日本』の編集長を務めた毛丹青は，「中国の若者たちが，日本人の暮らしぶりを通してその思想を知ることは，政治や経済の関係だけでは絶対に得られない，大きな『智慧』をもたらすはずだ」と話す。さらに，「日本の若者は，非常に内向きになっている。『日本のことをもっと知りたい』と思う中国の若者がいる一方で，『中国文化（もしくは外国全般でも）なんて興味ない』という日本の若者も」おり，この差は，5 年 10 年を経たとき，やがて大きな「知の格差」をもたらす恐れがある，と警鐘を鳴らした。「自分のことを一生懸命にアピールするよりは，まず相手を知らなければならない。これは今の時代が我々に与えてくれたテーマである」と，毛丹青はいう[10]。

　毛丹青が指摘した問題は，NPO 法人の「言論 NPO」が毎年実行してきた日中共同世論調査の結果にも表れている。調査では，日本に訪れる中国人観光客が増えるにつれ，日本への好感度が上がることが顕著に示された。それに対し，日本側の結果からは，中国や日中関係に関する情報源の約 95％を日本のニュースメディアに依存し，中国へ旅行に行く意欲も低いことがわかる。毛丹青はかつて，「一つの国に対する理解には，さまざまな形があってかまわない。一個人として，日頃心に留めてきたささやかな事柄に対する気持ち，あるいは考察を記録していくのも，異文化への理解だと思いたい」と語ったことがある。中国の若者たちに日本の日常を知ってもらい，「等身大の日本」に触れてほしいという姿勢は，毛丹青のすべての実践の根底にある。

デジタル・メディアを通して，送り手は世界各地にいるオーディエンスとつながることができ，オーディエンス同士も国境を越えて「対話」できる環境が整っている。トランスナショナルな情報やイメージが日常的に消費されているが，対話する勇気がなく，または対話より自己主張する現象が多く見られる。毛丹青がおこなってきたような，相手を知ることからスタートする地道なメディア実践は，ある意味でグローバル化の複合的・重層的かつ乖離的な構造のなかで創造的対話を実現させるヒントを与えてくれた。メディアをナショナルな空間に閉じることなく，好奇心を持って外部から観察することは，グローバル化社会を生きる上で必要不可欠な空間的想像力と多元的・多層的な意識の形成を促すであろう。

注

(1) 『日本経済新聞』2021 年 7 月 25 日，国連広報センターを参照。
(2) 白水（1996）を参照。
(3) 町村（1994）を参照。
(4) アパデュライ（2004）を参照。
(5) アンダーソン（1993）を参照。
(6) 藤田（2008），クドリー（2018）を参照。
(7) マクルーハン，ジングローン編（2007）を参照。
(8) 倉沢（2021）を参照。
(9) 岩渕（2007）を参照。
(10) 毛ほか（2015），毛編（2016）を参照。

参考文献・情報

アルジュン・アパデュライ／門田健一訳『さまよえる近代：グローバル化の文化研究』平凡社，2004 年（原著 1996 年）

ベネディクト・アンダーソン／関根政美訳「〈遠隔地ナショナリズム〉の出現」『世界』第 586 号，岩波書店，1993 年 9 月（原著 1992 年）

岩渕功一『文化の対話力：ソフト・パワーとブランド・ナショナリズムを越えて』日本経済新聞出版社，2007 年

ニック・クドリー／山腰修三監訳『メディア・社会・世界：デジタルメディアと社会理論』慶應義塾大学出版会，2018 年（原著 2012 年）

白水繁彦編著『エスニック・メディア：多文化社会日本をめざして』明石書店，1996 年

白水繁彦「エスニック・メディアの変容：メディア社会学の観点から」『移民研究年報』第 8 号，日本移民学会，2002 年 3 月

イーライ・パリサー／井口耕二訳『フィルターバブル：インターネットが隠していること』早川書房，2016 年（原著 2011 年）

藤田結子『文化移民：越境する日本の若者とメディア』新曜社，2008 年

エリック・マクルーハン，フランク・ジングローン編／有馬哲夫訳『エッセンシャル・マクルーハン：メディア論の古典を読む』NTT 出版，2007 年（原著 1995 年）

町村敬志「エスニック・メディアの歴史的変容：国民国家とマイノリティの 20 世紀」『社会学評論』44（4），日本社会学会，1994 年

毛丹青ほか『知日　なぜ中国人は，日本が好きなのか！』潮出版社，2015 年

毛丹青編『在日本　中国人がハマった！ニッポンのツボ 71』潮出版社，2016 年

ケン・リュウ編／中原尚哉ほか訳『折りたたみ北京：現代中国 SF アンソロジー』早川書房，2018 年（原著 2016 年）

「Welcome to Macedonia　マケドニア番外地 世界を動かす『嘘』の町」『WIRED』VOL.28，2017 年 6 月

Han Zhang, *The* "Post-Truth" Publication Where *Chinese Students in America Get Their News,* The New Yorker, August 19, 2019.

「人口構成の変化」　https://www.unic.or.jp/files/shifting-demographics.pdf

倉沢美左「カズオ・イシグロ語る『感情優先社会』の危うさ：事実より『何を感じるか』が大事だとどうなるか」東洋経済 ONLINE（2021 年 3 月 4 日）

https://toyokeizai.net/articles/-/414929

「移民とは　世界で 2.8 億人，労働力の調整も」『日本経済新聞』2021 年 7 月 25 日

　　https://www.nikkei.com/article/DGXZQOCA20BC90Q1A720C2000000/

第 15 回，第 16 回「日中共同世論調査」認定 NPO 法人言論 NPO

　　https://www.genron-npo.net/

CND（China News Digest）　www.cnd.org

13 │ 新しいリテラシー（1）

水越　伸

《**目標＆ポイント**》　ここまで論じてきたメディア論をたんなる本に書かれた知識として学ぶのではなく，しっかりと体得し，自らの考えを深め，日常生活で役立てるための方法論として「批判的メディア実践」を紹介する。そのなかでも特に，メディアという当たり前の存在に気づき，批判的にとらえるためにメディア・リテラシーという考え方と具体的活動を学ぶ。
《**キーワード**》　批判的メディア実践，メディア・リテラシー，ワークショップ，メディアの歴史

2020 年に勃発した新型コロナ禍によってグローバルな人の動きが突然止まり，一方で物流と情報の流通がさかんになって以降，人々はAmazon や楽天といった e コマースや，Zoom のようなオンライン会議サービスに大きく依存するようになった。世界のあらゆることがらがメディアに媒介されて成り立つという表現が，比喩ではなく現実となったのだった。5 章で論じたように，19 世紀後半以降，ギュスターヴ・ル・ボンやガブリエル・タルド，あるいはウォルター・リップマンが目の当たりにした群衆や公衆，大衆は，新聞や雑誌がもたらすメッセージやイメージによって興奮したり，共感したり，世論を生み出したりした。20世紀のラジオやテレビは，番組を同時に，一方向的にまき散らすことで社会に大きなインパクトを与えた。しかし，それらとは決定的に違い，メディアが互いに相関した生態系をなしてわれわれを取り巻き，われわれに浸透し，われわれの存在を枠づけるような時代を，私たちは生きている。

210

1. 実践的，かつ批判的なアプローチ

　そのようなメディアを意識的にとらえなおすことは，メディア論に取り組む者にとってかつてないほどむずかしい。研究する者と研究する対象であるメディアとを判然と分離することが，つまり，研究する者が超越的で透明な観点から対象をとらえることが不可能な状態に，私たちは置かれている。このような状況を克服し，メディアを批判的にとらえ，よりよいそのあり方を模索するためにはどうすればよいか。すなわち新しいメディア論はいかにして可能か。ここで提案したいのは，研究者が研究対象であるメディア状況に意識的に介入し，その過程における経験を分析的に学ぶとともに，社会実験的に新たなメディアをつくっていくというアプローチである。すなわち私たちが生きる日常生活世界に揺さぶりをかけるようなメディア実践を意図的，かつ批判的に仕掛けていく。その揺さぶりのなかで異化されるメディアの様態を学び，理解していく。さらにそうした実践を研究者のあいだだけでおこなうのではなく，社会のさまざまな領域で人々に活用してもらい，広めていくのである。

　ここでいう実践的アプローチとは，メディア実践に対する参与観察のような人類学的研究から，ワークショップを用いた芸術的なメディア表現活動，メディア・リテラシーのプログラムをデザインし，実践し，評価分析していく学習デザイン，現実社会のなかで新たな市民ジャーナリズムを実践していく営みまで，幅があるものだと受け取っておいてもらいたい。ただし，差し当たり次の3点が共通しているべきである。

　第一に，実践的メディア論は，歴史社会的研究，理論・思想研究，あるいは実証研究と横並びに位置づけられるものではなく，それらを包括するようなメタレベルの方法論的戦略を包含した営みとしてとらえられ

る必要がある。いい方を換えれば，実践的メディア論は，従来のメディア研究のジャンルと対立したり，矛盾するものではなく，そうしたジャンルをよりよくとらえ，批判的に吟味していくために必要なものである。日常的なメディアの存在に深く覚醒することを促すような優れたワークショップは，理論・思想研究の出発点になるはずであり，実証研究をより発展させるはずだ。

　第二に，実践的メディア論は，これまで人文社会系の諸研究が担ってきた批判的分析知と，工学やデザイン研究が担ってきた能動的創造知を複合的に組み合わせたものである。そのなかで情報技術は，人文系メディア論に敵対するものとしてとらえられたり，研究対象として重要ではないとして退けられるべき対象ではなく，批判的，かつ注意深く取り扱われながらも，しかし実践や研究の一部として組み込まれなくてはならない。新たなメディアを創造するためには，それを支える「技術システム」と「文化プログラム」を不可分の形でとらえる必要があるのだ。従来の技術中心主義とは異なる，人文社会系の研究と技術との関わり方である。

　第三に，ワークショップなどの実践を媒介として，実践的メディア論はこれまでともすれば乖離しがちだったアカデミズムと市民社会のあいだに回路を生み出していく。それはアカデミズムの知見を一般の人々にトップダウンで啓蒙普及していくということではない。学問知と日常知が相互作用する中間地点で，新たなメディアを生み出したり，メディア・リテラシーや表現をデザインしていくことが重要になってくるのである。デザインされた実践は，さまざまな社会領域を生きる人々によって，それぞれの文脈に合わせて応用され，加工され，次章で論じる自律的で共同体的なメディアの生態系である「メディア・ビオトープ」を生み出す起点となっていく。

これら3点を内包した実践的メディア論は，たんに実践を志向しているのではなく，実践のなかで批判的覚醒を深め，批判的思考を育むという性格を持っている。その意味で，これを「批判的メディア実践（critical media practice）」と呼んでおこう。それでは批判的メディア実践は，いかに可能であろうか。その一つの具体的な活動として，メディア・リテラシーを本章と次章で紹介していきたい。

2. メディア・リテラシーとは何か

まず，メディア・リテラシーについて，筆者がある事典のために記した用語解説を転載しておこう[1]。

> メディアを介したコミュニケーションを意識的にとらえ，批判的に吟味し，自律的に展開する営み，およびそれを支える術や素養のこと。メディア教育とほぼ同義で，中国語では媒体素養（媒体教育）という。かつては，低俗でステレオタイプに満ちたテレビを批判的に読み解くために青少年に必要な能力，などとして喧伝されたが，現在ではテレビというメディア，青少年という世代に限らず，すべての人々が本からケータイに至る多様なメディアを批判的にとらえ，自律的に関わり，能動的に表現するために必要な営みとされている。
>
> 昨今の政治とメディアの関わりをみれば，日本だけでなく海外の多様なメディアに接することが重要であり，受け手だけでなく送り手にもメディア・リテラシーが必要であり，メディア・リテラシーとジャーナリズムが不可分であることが痛感される。むやみにマスメディアやケータイを批難するメディア悪玉論とは別物。メディア

の技術的活用，批判的受容，そして能動的表現という3要素のバランスが肝要。北米，北欧などで進んでおり，日本でも教育実践が進められている。

また，総務省では放送との関わりで次のように定義をしている[2]。

　　メディアリテラシーとは次の三つを構成要素とする，複合的な能力のこと。
・メディアを主体的に読み解く能力。
・メディアにアクセスし，活用する能力。
・メディアを通じコミュニケーションする能力。特に，情報の読み手との相互作用的（インタラクティブ）コミュニケーション能力。

　これらを読むと，メディア・リテラシーは教育活動の一環だと理解されるだろう。それは間違いではないものの，メディア・リテラシーは国語，数学などと横並びの教科教育ではなく，メディアがあふれかえる現代社会のなかを生きる老若男女すべての人々にとって必要なメディアの理解の仕方，メディアとの関わり方に関する学びの営みをいう。すなわちそれはメディア論を具体的に学ぶことであり，メディア論の知見が社会的に共有されることを目指した営みなのである。以下ではまず，その系譜をたどり，その後に具体的な活動内容について論じていく。

3. メディア・リテラシーの布置と系譜

　メディア・リテラシーとは，文字の読み書き能力を意味する「リテラ

シー」を，さまざまなメディア全般にまで比喩的に広げた考え方で，メディアの読み書き能力などと呼ばれる。英語圏ではメディア教育（media education）と，ニュアンスの違いを含みながらも，ほぼ同じ意味で用いられている。

　この考え方はもともと，テレビや新聞といった大きな影響力を持つマスメディアからまき散らされる情報を鵜呑みにしてしまわないための素養のことを意味していた。その素養とは，マスメディアの情報生産と流通の仕組みをよく知ることや，番組や記事に表象された物語や登場人物の描かれ方に込められた意図，偏見などを見抜くことなどからなっていた。

　メディア・リテラシーが始まる背景には，第二次世界大戦において各国が展開した戦争宣伝活動に国民が簡単にだまされてしまったという苦い経験や，戦後世界で勢いを増したアメリカのテレビドラマ，コミック，映画，雑誌などが世界を席巻し，それぞれの国や地域に伝統的な文化が消失するのではないかという危機感があった。こうしたことからメディア・リテラシーはもともと，理論的，思想的な観点からの批判であると同時に，学校教育，成人教育などにおける実践活動でもあったのである。

　日本において現在，メディア・リテラシーという言葉がよく用いられ，活動が展開されている領域は，次の三つとしてまとめることができる。

　第一に，英米系のメディア教育，メディア・リテラシーを輸入する形で展開した領域だ[3]。マス・コミュニケーション論の近傍に位置づけられ，マスメディアが映し出すイメージに対して批判的読解を試みようとする。対象となるイメージとしては人種や民族，ジェンダーやセクシュアリティに関するものが取り上げられることが多く，ジェンダー

論，エスニシティ研究や社会運動とも結びつきが強い。先に触れたような，グローバル情報社会，マスメディアへの批判がその基調にあることはいうまでもない。

　第二に，学校教育の領域である[4]。テレビ，ラジオの発達にともなった視聴覚教育，放送教育の流れに，1980 年代以降のコンピュータ教育，情報教育という大きな流れが注ぎ込み，「情報」や「総合的学習」の時間を活用した授業実践の開発評価研究の一環として展開された。2000 年代前半の小泉政権以降，いわゆるゆとり教育や個性化教育から基礎教育の充実へと政策転換が図られたことは，こうした流れへの逆風となった面もあったが，小中高校のさまざまな教科で情報やメディアを教えること自体は定着したといってよい。社会教育，人材育成などの領域も含め，より俯瞰的にとらえるならば，ネットやモバイル・メディアや情報をめぐる教育は，現代社会において不可欠になってきている。

　第三に，デジタル機器を使いこなすための技術操作的教育の領域である。専門学校，大学，企業などにおいて，ソフトウェア操作やウェブデザイン，映像編集などを職業訓練の一環として教育する体制が充実してきた。IT 教育産業も著しく成長している。そのなかでは，メディア・リテラシーはメディアの技術的活用能力に特化して語られるのが一般的である。この領域は，情報社会の進展にともなう新たな人材育成市場として発達し，他の二つとは桁違いの規模とパワーを持っていることに留意しておきたい。

　これらの三つの領域はこれまで十分に連携することなく，バラバラに展開してきた。そのためメディア・リテラシーという言葉は，それぞれにおいて独自の意味合いを帯びるようになり，結果として理論的にも実践的にも十分な奥行きを持って発達してきたとは言い難い。さらにいえば，戦前以来の生活綴り方運動や映画教育は人々のメディアをめぐる学

びと表現が持つ文化的可能性に自覚的であり，メディア・リテラシーに
結びつくものであったが，そうした系譜に関する議論はほとんどなされ
ないできた[5]。

　日本のメディア・リテラシーが今後発展を続けるためには，まずは前
記の三つの系譜を持つ領域が有機的に結びつき，学際的な基盤の上で理
論・思想と応用・実践をより本格的に展開していく必要があるだろう。

4.　ワークショップでメディア史を体感する

　それでは具体的にメディア・リテラシーとはいかにして学ぶことがで
きるのだろうか。以下では，筆者が企画，実施したワークショップのプ
ログラムを紹介することで，その感触をつかんでいただきたい[6]。こ
こで紹介するのは，メディア論で大切なメディア史の考え方を学ぶため
に，自分や身の回りの親しい人たちの思い出と歴史を結びつけてとらえ
ることを促すためのプログラム，「memories & History（思い出と歴
史）」である。

　メディア論の授業で歴史を教えるとき，私はなるべく過去の出来事と
現在の状況を結びつけて話をするように心がけている。たとえば日本の
テレビ放送の歴史について講義する際，1950 年に戦後の放送体制を決
める三つの法律が制定されたこと，1953 年に定時放送が始まったこと，
1959 年の皇太子成婚パレードの際に国内でのテレビ受像機販売台数が
100 万台を突破したことなどは，いずれも 20 世紀後半を通したテレビ
文化のあり方を考える上で歴史上の重要なことがらだ。しかしそれをそ
のまま語ったとしても，学生にとってはいわゆる教科書的な年表的知識
に過ぎない。一番の課題は，これらの歴史（History）を自分や親しい
人々の思い出や記憶（memories）と結びつけてとらえる想像力を持つ

ことができないことにある。これはメディア史に限ったことではなく，あらゆる歴史，あらゆる学問に共通していえることかもしれない。この課題を乗り越えて，身の回りの複数の思い出や記憶をふり返り，共有し，歴史と結びつけるためのグループワークをデザインしてみた。

「memories & History」というワークショップ（以下，「WS」という）を実施するための条件を箇条書きにしておこう。

・必要な時間：毎週開講される大学の 90 分程度の授業を 3 回，あるいは 4 回使う。
・参加者数：10 名前後から 30 名前後まで。人数が多いと開講回数を増やす必要がある。
・必要な道具：模造紙，大きめの付箋，サインペン，カラーマーカー
・オンラインでも，付箋や写真による協働作業ができるツール（Google Jamboard など）を用いれば実施可能である。
・中学，高校や生涯学習でも，プログラムの時間を調整して応用することが可能である。ただし日程を集中させるのではなく 2 週，あるいは 3 週にわたっておこなうことが望ましい。

WS の内容は，次のような四つのステージに分けてとらえることができる。

（1）第1ステージ：親しい人にインタビューする

まず，参加者に二つの宿題を出す。

⑴　家族や友人の 1 人に，これまでに一番印象に残っているメディアに関する出来事を詳しくインタビュー調査してください。その内容をメモにしておいてください。
⑵　自分についても同じことを問いかけ，思い出し，メモにしておいて

ください。

インタビューというのは一般的に，知らない人々に対しておこなうことが多い。しかしこの WS では，自分の母親，祖父，幼なじみなど，ごく親しい人々に対してインタビューを試みることになる。2018 年 4月から 6 月にかけて，私が東京大学大学院学際情報学府の授業で実施した際には，たとえば次のような趣旨の「思い出」を採集してきた学生がいた。

> 1967 年，母は日本橋のレストランでアルバイトをしていた。ある日のお昼時に店内に置かれていたテレビで吉田茂元首相の国葬の模様が放送されていた。お客さんの全員が起立をし，黙禱を捧げていた。(社会人大学院生)

学生のなかには，母親になぜそんなことを聞くのか，大学でどんな勉強をしているのかと不審がられたり，若かった頃の話を孫が聞かせてくれというので祖父に喜ばれ，思わず長電話をすることになったりといった，いつもとは違う経験をする人が多い。そして「思い出」のインタビュー経験を通して，親しいはずなのに自分が今までまったく知らなかった相手の人生を垣間見る機会を持つことになる。上記の学生は，吉田茂の国葬のテレビ放送はもちろん，母親がアルバイトをしていたことも知らなかった。しかしこのエピソードからは，インタビューをした学生にとってはもちろん，読者の脳裏にも鮮やかに，高度経済成長期の日本橋のレストランの光景が浮かび上がるのではないだろうか。

この宿題では自分自身のメディアとの関わりを思い出すことも課されている。

　　小学校３年の頃（2000年代前半），友達と日本製アニメ番組の登
　　場人物の日本語の名前を誰が一番たくさん言えるかを競争し合っ
　　た。（中国人大学院生）

　たとえばこのようなエピソードをメモにする行為は，この学生に日本
のメディア文化との関わりをふり返るよいきっかけを与えることになっ
た。

（2）第２ステージ：思い出を集め，組み合わせる

　次の週の授業では，４名から５名のグループを編成する。ここで人数
は大切なポイントだ。私の経験からすると，これより少なくなるとディ
スカッションが行き詰まったときに打開しにくくなるし，これより多く
なると議論の輪に入れない人や結果としてサボってしまう人が出てく
る。４名から５名がちょうどいい。

　各グループにはサインペン，カラーマーカー（裏ににじまないもの），
付箋，そして模造紙を配っておく。WSでよく使われるものばかりだ
が，付箋は大きめのサイズにしてキーワードやセンテンスが書きやすい
ようにする。

　グループごとに座ってもらい，まずは各自が宿題で得た思い出の内容
を説明するキーワードやキーセンテンスを付箋に書き出す。二つの宿題
があったから１人が２枚，１グループで８枚から10枚の付箋ができる
ことになる。１人ずつ，自己紹介を兼ねてそれを説明していってもら
う。

　読者の皆さんにとって，メディアに関して一番印象に残っている出来
事といえば何になるだろうか？　「母は，1995年の阪神・淡路大震災の
空撮映像に衝撃を受けたと言っていました」「僕は小学５年生の頃，学

校の放送委員をやっていて好きなロックを流して先生に怒られたけれ
ど，とてもワクワクしました」「僧侶だったおじいちゃんがブルース・
リーの映画に出ていたという。冗談だろうと思っていたけれど，
YouTube で確かめたら若い頃のおじいちゃんが出ていて，家族全員
ビックリした」などなど，さまざまな出来事が出てくる。それらを話し
合ううちに学生たちは，そういえば自分は 2001 年米国同時多発テロの
ニュース解説を見て映画の話だと思い込んでいたのが，現実だと知って
衝撃を受けたとか，クリスマスプレゼントで買ってもらったゲーム機を
落としたときにどれだけ落胆したかとか，仲間の披露する出来事に触発
されてあれこれと思い出すようになる。それらも付箋に書き出していく
うちに，初めは 8 枚から 10 枚だった付箋が 20 枚，時には 30 枚と増え
ていく。グループで協働作業をすると，1 人で思い出すよりも何倍もの
刺激があるらしく，ああいうこともあった，こういうこともあった，そ
うだそうだと嬉々として，夢中に付箋に書き込んでいく。そうなればこ
の WS は半ば成功したことになる。

　メディアに関して一番印象に残っている出来事とは，人々とメディア
の関係についての強い思い出である。それらを披露し合うことが呼び水
となって，学生はメディアとの関わりについて，まるで記憶の回路のス
イッチが入ったかのように思い出すようになる。この WS のタイトル
に単数形の memory ではなく複数形の memories を使っているのは，
多様な人々の多様な思い出や記憶が共有されるこの状態を表したいから
だ。

（3）第 3 ステージ：思い出を歴史と重ねてみる

　さて，次の週にこの WS は，個々の memories を歴史，History と重
ねてみるという作業に移行する。この段階でテーブルの上に敷かれた白

い模造紙の上には，各自が座っている前に付箋がかたまりとなって貼られている。学生各自の，家族や知人の記憶や思い出がそれぞれバラバラなかたまりとなっているわけだ。ここで，グループごとに話し合ってそれぞれのかたまりを混ぜ合わせ，分類をし，メディアの歴史を考えるプレゼンテーションをしてくださいとお願いする。付箋を混ぜ合わせ，分類していくための一つの補助線となるのが，先述の教科書的で年表的なメディア史の知識，教科書などで一般的に重要だとされる歴史的な出来事すなわち，History ということになる。

　多くの学生は，自分が物心ついて以降の大きな事件や事故，オリンピックのようなイベントについては History を意識している。しかし，たとえば先の学生のように，自分がアニメの登場人物の名前をどれだけたくさん言えるかを友達と競争していたのが小学校３年生だったことは覚えているが，それが西暦でいつだったかとは考えたことがない。すなわち memories を History と結びつけてみると，2000 年代前半の中国ではまだインターネットが一般で利用され始めたばかりで普及率がとても低かったことや，自分が小学５年の時に夢中だったロックが，当時の流行ではなく兄の世代の流行で，のちにビジュアル系バンドとして世界的に定着する先駆けだったことをポピュラー音楽の歴史のなかで確認したりするのだ。さらに日ごろ，１人の老人としてしか自分の祖父を見ていなかったが，1970 年代の祖父がとても若々しい壮年期の男性だったことに驚く経験は，人を年齢や性別がもたらすステレオタイプから解放してくれる。

　2018 年の授業は 20 名の学生が５つのグループをつくってこの WS に取り組んだ。各グループが採集して貼り付けた思い出の付箋の数は，平均 38 枚だった。それらを歴史軸と重ねながら，さまざまな形で分類し，それぞれの関係性を図示する作業に取り組んだ。軸の設定や分類の仕方

図 13-1　思い出を枠づけるグループワーク （筆者撮影）

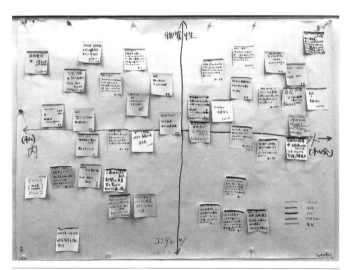

図 13-2　思い出と歴史を組み合わせた図版＝作品 （筆者撮影）

は各グループで考える。写真（図 13-1, 図 13-2）はそのなかの一つの
グループが作業する様子とその成果である。全体が「物質性」と『コン
テンツ』という縦軸，「内（私）」と「外（社会）」という横軸で区切ら
れており，そのなかに 40 枚の付箋が貼られている。各付箋は「パソコ
ン」「ラジオ」「テレビ」「スマホ・ケータイ」「電話」というメディアの
類型に従ってマーカーで横線が引かれている。すなわち 3 系統のカテゴ
リーによって，memories を分類，表示しているのである。ちなみに他
のグループでは，年代順とメディアごとに付箋を並べたものや，そのメ
ディアによって社会が動いたのか動かなかったのかという軸を用いたも
のなどさまざまだった。この年の 5 つの図版のなかでは，平均して 2 つ
か 3 つの分類軸が用いられていた。

　学生たちは，図版を作成していくなかで，新たな思い出を自ら思い出
して書き出したり，あらためてインタビューをしたりする人も少なくな
かった。日ごろ聞かれたことのないことを尋ねられ，インタビューを受
けた人たちは，多くが喜んで続きのエピソードや他の記憶を話してくれ
たという。

（4）ステージ 4：合評とその後
　最後の週は各グループが成果物である図版をもとにして発表し，質疑
応答をしたり感想を述べ合う合評会である。最初に壁に貼りだした図版
を，ミュージアムで鑑賞するように全員が自由に見て回る。続いてグ
ループごとに内容を説明し，作成のプロセスで気づいたこと，悩んだこ
となどを紹介し合う。

　それらを踏まえて，講師である私が再び，私たちの身近な思い出や記
憶と歴史は連続したことがらであること，さまざまなメディアをめぐる
歴史を考えるときに，思い出や記憶に引きつけてそれを理解することが

重要であることなどを整理しながら講義して終了である。

5. 新しいリテラシーの射程

「memories & History」という WS は，新聞記事やテレビ報道，SNS のメッセージを注意深く読み解いて，批判的に理解しようなどといった，一般的なメディア・リテラシーの教育普及活動とは趣を異にしている。メディア史というものが，国家的なイベントや制度，大企業の商品やサービスの始まりなどといった年表に載りやすい公式的な出来事からなるのではないこと，メディアと人々がさまざまな関わり方をし，無数ともいえる出来事が複合し，時間とともに積層していくなかにこそ歴史があるのだということを体感することが，この WS の目的だ。同時に，日々のミクロな出来事を国家や資本のマクロなダイナミズムに結びつけて理解することも重要になってくる。伝統的なメディア・リテラシー，すなわちテキストを批判的に読み解くことも重要だろう。しかしデジタル化が社会を貫徹し，メディアのあり方が急速に変貌していく 21 世紀社会において，メディアをめぐる時間軸を素養として身につけること，すなわちメディアの歴史に関する想像力を豊かにすることは必須であるといってよい。その意味で，この WS は新しいリテラシーの射程のなかに位置づけられるといえる。

　繰り返しいえばメディア・リテラシーは，かつては青少年が身につけるべき素養や能力としてとらえられていた。しかし現在では，メディアに関する常識を身につけていると思い込んでいる大人世代を含むあらゆる世代にとって必要であり，さらにジャーナリズムの現場で働くプロやマスメディアの業界人，メディア論の専門家たちにとっても，自らとメディアの関わり方を確かなものとして理解する上で，不可欠な素養や能

力となってきている。

注

(1) 水越（2017）を参照。
(2) 総務省「放送分野におけるメディアリテラシー」（ウェブサイト）を参照。
(3) 1970 年代から 90 年代の輸入状況については，鈴木編（1997），FCT メディ
   ア・リテラシー研究所（ウェブサイト）を参照。
(4) 中橋編（2021）では，学校教育を中心とした現在のメディア・リテラシーの状
   況を知ることができる。
(5) 生活綴り方運動については「演習問題」の文献を参照。映画教育は東京・成城
   学園において戦前以来連綿と進められてきている。髙橋（2018）に詳しい。
(6) メディア・リテラシーに関するワークショップの数々については，水越ほか編
   （2009），長谷川・村田編（2015）に詳しく紹介されている。

参考文献・情報

鈴木みどり編『メディア・リテラシーを学ぶ人のために』世界思想社，1997 年
髙橋直治「『動く掛図論争』以前の映画教育を再考する：成城小学校訓導・関猛の
　実践に注目して」『教育メディア研究』25 巻，1 号，2018 年
中橋雄編『メディアリテラシーの教育論：知の継承と探究への誘い』北大路書房，
　2021 年
長谷川一・村田麻里子編著『大学生のためのメディアリテラシー・トレーニング』
　三省堂，2015 年
水越伸「メディアと社会」『現代用語の基礎知識 2018』自由国民社，2017 年
水越伸・東京大学情報学環メルプロジェクト編『メディアリテラシー・ワーク
　ショップ：情報社会を学ぶ，遊ぶ，表現する』東京大学出版会，2009 年

FCT メディア・リテラシー研究所　http://www.mlpj.org/
総務省「放送分野におけるメディアリテラシー」
　http://www.soumu.go.jp/main_sosiki/joho_tsusin/top/hoso/kyouzai.html

実際に「memories & History」をやってみる

　本章で紹介したこのワークショップは特別な道具や手間がいらず，オンラインでも可能であり，実践しやすいと思います。ぜひ学校や職場の仲間，家族の集まりなどでやってみてください。

メディア・リテラシーの前にリテラシー！

　メディア・リテラシーは，リテラシーという言葉を比喩的に用いた概念である。リテラシーとは識字力，文字の読み書き能力のこと。近年はメディア・リテラシーに注目が集まる一方，ほとんどの日本人は読み書きができるためか，リテラシーにはあまり関心が払われていない印象がある。しかしリテラシーは極めて重要な教育・学習活動だ。日本には「生活綴り方」と呼ばれる独自のしなやかでしたたかな活動があった。下記の文庫本はそのエッセンスを学ぶのに最適な2冊。リテラシーとメディア・リテラシーに共通する，可能性や課題を読み解いてほしい。

●豊田正子／山住正己編『新編　綴方教室』岩波書店，1995年（原著1937年）
●無着成恭編『山びこ学校』岩波書店，1995年（原著1951年）

14 | 新しいリテラシー (2)

水越　伸

《**目標&ポイント**》　第 13 章に引き続き，新しいメディア・リテラシーのとらえかたを説明する。特にこれまでリテラシーの対象とされることがほとんどなかった，狭義のメディア論が対象とするモノやシステムとしてのメディアに対する批判的な読み解きと能動的な創造活動のあり方に焦点をあて，それを実践的に学ぶためのワークショップを紹介する。
《**キーワード**》　メディア・リテラシー，プラットフォーム，インフラストラクチャー，想像力，創造力

　従来，メディア・リテラシーはメディア論（media studies）の影響を強く受けて発達してきた。新聞やテレビといったメディアがどのような特性を備えていて，人々にいかなる影響を与えるかといったメディア・リテラシーの基本的な問題設定は，いずれもメディア論の知見に基づいていたといってよい。

1. メディア論とメディア・リテラシー

　1970 年代から 80 年代に発展したカナダのメディア・リテラシーをふり返ると，そこにマーシャル・マクルーハンが強い影響を与えていたことがわかる。文芸評論家であったマクルーハンが本格的なメディア研究を始めた際，そのテーマはいわゆるメディア・リテラシーだった。彼

は，事実上のデビュー作である *The Mechanical Bride*（『機械の花嫁』）において，資本主義的に生産された工業製品などがマスメディアを通して人々に向けて宣伝され，消費されるメカニズムを批判的に読み解いてみせた[1]。

筆者は放送大学の取材で，2000 年に，カナダのメディア・リテラシー協会の元会長だったバリー・ダンカンにインタビューする機会を得た。彼は，60 年代にトロント大学の学生としてマクルーハンの教えを受けていた。そして，マクルーハンの講義はわかりにくかったものの，多くの学生や市民が彼のビジョンに従えばマスメディアの状況が変わるかもしれないという希望を持ったと語った。そして 80 年代に英国の文化研究（カルチュラル・スタディーズ）がメディア論の主要なパラダイムとなり，メディア・リテラシーをさらに発展させたという[2]。その文化研究を牽引したスチュアート・ホールは，1964 年にポピュラー文化批判の共著書を出版している[3]。ホールにとって文化研究とは，理論と実践の両輪で成り立つものだった。彼は吉見俊哉のインタビューに答えて，文化研究においては，メディアが生み出すポピュラー文化に対して批判的理論と，その教育実践，すなわちメディア・リテラシーの二つを組み合わせることの重要性を指摘している[4]。

いうまでもなくマクルーハンとホールは，メディア論という領域を切り拓いたパイオニアである。20 世紀後半，彼らが中心となり，英米圏を中心にメディア論が生じたのだった。そしてホールが語ったとおり，現在でもメディアを理解するために，メディア論とメディア・リテラシーは車軸の両輪であるべきだといえる。

2. 変化すべき車輪

　本書では，メディア環境が新しい次元に入り，メディア論はこれまで以上にモノやシステムの次元までを射程に入れ，より立体的に再構成されていくべきだと論じてきた。メディア論はいかに変化したか。ひとことでいえば，コンテンツからメディアへ，すなわちテキストからプラットフォーム，あるいはインフラストラクチャーへと，関心が推移したのである[5]。

　2020 年代，AI や IoT などが社会のすみずみにまで急速に行き渡り，私たちの生活，仕事，学習，消費から生死にいたるまであらゆることがらがメディアに媒介されて成り立つことになった。いい方を変えれば土台としてのメディアのあり方，メディアのインフラストラクチャーの技術的，産業的，制度的なあり方が，研究者だけではなく，ビジネス，学校，医療などあらゆる領域において注目を集めつつある。

　従来のメディア・リテラシーが拠り所としてきたメディア論とは，メディアという器の上で交わされるコミュニケーション，そこで使われる文章，映像，写真などといったテキストを対象とした研究領域だった。そこでのメディアとは，主にマスメディアのことを意味していた。メディア・リテラシーに関わる人々は，そうしたマスメディアがまき散らすテレビ番組，ニュース，広告などのテキストを注意深くとらえ，批判的に吟味する術や素養を人々に与えることを目的としていたのである。ここでいうテキストとは，映像，写真，物語などといったメディアの中身全般を意味している。その手法は，文芸批評などの領域で長く育まれてきたものだった。マクルーハンもホールも，そうした人文学の教養を土台としてメディアに向き合ったのだった。

　今日，Twitter や Facebook など SNS 上のフェイクニュースや炎上問

題がメディア・リテラシーの領域でさかんに取り沙汰されている。それらの大半は，SNS 上のメッセージを注意深く受け取り，批判的に吟味するための議論である。すなわち SNS に対しても従来と同じく批判的なテキスト分析の方法でアプローチしようとしている。そのことに意味がないとは思わない。しかしマスメディアとは異なる特性を持つメディア・プラットフォームをめぐる問題に取り組む際に，テキストだけではなく，インターフェイスのデザイン，タイムラインのアルゴリズム，ユーザー規約の検証などといったメディアのインフラストラクチャーに関わる批判的分析が必要となってくるのではないだろうか。それらを抜きにして個別のメッセージや炎上現象を正しく理解することはできないだろう。

　このように考えてくると，批判的テキスト分析をおこなうメディア論に依拠したリテラシー研究とは異なるパラダイム，すなわちメディア・インフラの批判的分析をおこなうメディア論を理解する必要が出てくる。そしてそれと車軸の両輪をなすメディア・リテラシーも，更新されるべき時期にいたっているといえよう。

　メディア・インフラやプラットフォームについて学ぶために，どのようなメディア・リテラシーのプログラムがありうるだろうか。以下では筆者らが生み出したワークショップを紹介しておきたい。その名前は「Apple のないメディア・ランドスケープ（Media Landscape without Apple）」という[6]。

3. Apple のないメディア・ランドスケープ

　私たちはこのワークショップ（以下，「WS」という）の最初に，参加者に次のようなお題を出す。

図 14-1　Apple のないメディア・ランドスケープの WS 会場　　　（筆者撮影）

　　2007 年に Apple がなくなり，iPhone が発売されなかったとします。

　　そうなったとき，20××年のメディア・ランドスケープはどうなっているでしょうか。

　　シナリオをつくり，映像作品として描き出してください。

　　グループごとに「生活・文化」「行政・公共組織」「ビジネス・産業」のいずれかの領域について構想すること。

　読者の皆さんは，どう考えるだろうか。まず誰もが思いつくのは，小型で長方形の金属やプラスチックの筐体にディスプレイがはめ込まれ，薄い板状になった物体の表面を指の腹でなでて操作をするスマートフォンというものが，今あるような姿形ではなかっただろうということだ。今あるスマートフォンは，2007 年に登場した iPhone のデザインを継承して発展してきたからである。iPhone が登場しなければ iPad などのタ

ブレット端末，サムソンなどライバル企業のスマートフォンも，今のような形状やサービスとしては登場していなかっただろう。ひょっとしたらメガネや時計タイプのウェアラブル・コンピュータがより早く発達していたかもしれないし，ガラケーなどと呼ばれる折りたたみ式の従来型の携帯電話がスマート化し，発展していたかもしれない。あるいは携帯電話やスマホではなく，PC が違う形で発達していたかもしれない。

　スマートフォンという概念自体は，PC やパーソナルデジタル機器（PDA）が発展した 1990 年代後半には存在していた。しかし PC に相当する機能を搭載し，インターネット接続ができる携帯電話が本格的に普及したのは，Apple コンピュータが 2007 年に iPhone を発売して以降のことである。そして人々が使うモバイル・メディアが携帯電話からスマートフォンへと推移したことにより，Twitter，Facebook などの SNS の普及という現象がもたらされた。たとえば 2016 年の英国の BREXIT や米国のトランプ大統領誕生，香港，タイ，ミャンマーなどの民主化運動などはその帰結だといってよいだろう。オンライン上で無数の人々による新たな集合行動が展開され，ヘイトスピーチやフェイクニュースが日常化しているが，その欠くべからざる要因はスマートフォンであり，その始まりが iPhone だった。

　こうしたことにあれこれ考えをめぐらせていくと，Apple がなくなり，iPhone が発売されなかったという仮定は，生態系のような相互関係を生み出しているメディアのあり方をあらためてとらえなおすきっかけとなることがわかってくる。iPhone が発売されなかったパラレル・ワールド（平行世界，異世界）を想像することを通じて，現在当たり前とされているスマートフォンとそれを介したコミュニケーションのあり方，生活や仕事の仕方を批判的にふり返ってみることが，この WS の目的である。そしてパラレル・ワールドをただ論じるだけではなく，具

休的に 10 分程度のスライドショーとして作成し，発表，議論をすることとした。

4. WS のデザイン

このランドスケープ WS は，大学生以上，社会人などを対象に，少人数で時間をかけてみっちりおこなうタイプのものだ。2019 年に東京大学で開催したときには東京大学の大学院生，社会人の合計 13 人に参加してもらい，6 月から 7 月にかけての土曜，日曜を合計 5 日間使って実施した。事前事後にメディアに関するアンケートをおこない，5 日間の活動をビデオで記録し，事後にはインタビューもおこなった。

5 日間のスケジュールは次のとおりである。まず第 1 日目はオリエンテーションと，3 名の専門家からのレクチャー，参加者の顔合わせをおこなった。第 2，3 日目は，1 回目のグループワークを土日の 2 日間で実施した。その後，2 週間の間を空けた第 4，5 日目に，2 回目のグループワークと最終発表，ディスカッションを，再び土日の 2 日間でおこなった。

WS をデザインする上でのポイントを列挙しておく。

(1)　過去の研究から，グループワークのメンバーは老若男女，文系・理系，学生・社会人などがバランスよく混在した方が効果的であることがわかっていたため，今回もそのような配慮をして参加者を募った。

(2)　13 名の参加者は，「行政・公共」「生活・文化」「産業・ビジネス」という三つの社会領域の班に分かれてグループワークをおこなった。この三領域は，社会科学で社会を区分する際にごく一般的に用いられるものである。スマートフォンはあらゆる社会領域に影響を与えている。参加者がそのすべてをカバーするようなメディア・ランドスケー

プを想像することはむずかしいと考え，この三領域の一つを考えても
らうようにした。

(3) 大学生，社会人がメディア・インフラのさまざまなことがらに気づ
き，それらについて十分に議論や調査ができるよう5日間という長い
時間を確保した。同時に参加者への指示は最低限に留め，グループご
との裁量に任せた。結果として成果物としてのシナリオの質量にばら
つきが出たとしても，参加者の多様な気づきや，深い学びが可能なよ
うに，自由度を高くした。

(4) グループワークにおいて，メディア・インフラの知識が豊かな人，
流行のメディアに敏感な若者が中心になり，それ以外の人々が気後れ
してしまうようなことがないように，現実のメディア・ランドスケー
プを前提とした未来予測をするのではなく，あえてSF的なパラレ
ル・ワールド構想を目指した。現実状況に即した知識や流行感覚があ
ることが必ずしも有利ではなくなり，各参加者がポテンシャルを発揮
しやすくなることが期待されたからである。

(5) 最終成果は，グループワークの知見を分析的に検討してレポートや
スライド資料を作成するのではなく，パラレル・ワールドをシナリオ
として構成する，つまり物語を創作するという作業をしてもらった。
本WSでは，未来予測のような分析知を鍛えるのではなく，異なる
インフラがもたらすであろうメディア状況のリアリティを「創造的に
想像する」機会を提供することが眼目だったためである。

5. 参加者は何を経験したのか

5日間の活動内容を概説しておこう。

（1）1日目

　まず1日目は，本 WS の目的と目標の共有，自己紹介，そしてアイスブレイク（参加者どうしが打ち解け合うための活動）をおこなうため，東京大学本郷キャンパスに参加者，筆者らファシリテーター4名全員が集まった。

　WS の冒頭で，筆者が WS の概要について説明した。そのなかで，参加者が社会人，大学院生らであることから，グループワークの進め方は各グループで自主的に考えてもらうこと，ただし，次の2点だけ注意をしてほしいことを伝えた。それらは，1）情報技術の未来予測などにありがちな，バラ色の未来ではなくリアルな世界を描いてほしいこと，2）最初からグループ内で役割分担を決めて分業するのではなく，柔軟に共創してほしいこと，であった。

　そして3名の専門家からミニレクチャーがあり，質疑応答をおこなった。それらは本書の共著者でもある飯田豊によるモバイル・メディアの歴史，災害社会科学の関谷直也による「災害とスマートフォン」，そして東京大学大学院生の宇田川敦史による「スマートフォン最適化（optimization）の10年」だった。参加者は三つのミニレクチャーによって，スマートフォンがたんなる機器，装置ではなく，歴史や文化，産業と深く結びついて，社会的に構築されてきたメディアであることを学んだ。

（2）2日目から5日目

　参加者は先に述べた三つの社会領域ごとのグループに分かれ，2週間の間隔をおいた土日2日間，合計4日間のグループワークをおこなった。1日あたり，午前10時30分から17時まで昼食を含めて6時間半という長丁場であり，参加者の質問に対してファシリテーターが答えたり，質疑応答の機会を設けたりはしたが，いかなるシナリオをどのよう

にしてつくるかについては，各グループに任されていた。また1日に1
回程度，各グループが進捗状況を報告し合う時間帯を設け，各グループ
のアイディアやアプローチを共有したり，相対化する機会とした。付箋
とペン，カラーマーカー，模造紙，ホワイトボードなどを用意し，参加
者の大半がコンピュータやタブレットを持参した。

　三つのグループに分かれた参加者は，各回とも6時間を超えるグルー
プワークをしたわけだが，その間ほとんど話し合いをやめなかった。驚
いたことに昼食のあいださえ，休むことなく話し合いを続けていた。少
し静かになったグループをみると，付箋にメモを書いたり，アイディア
をグルーピングしたり，必要な情報をネットで検索したりしていた。あ
る参加者は次のようにふり返る。

　　「普段の授業や研究室では分野が近い人が多いので，議論は進むが
　　視点や知識が一緒で現実的なところがわかってしまい，つまらな
　　い。このWSでは，さまざまなバックグラウンドの人たちとの議
　　論があった。そこで普段自分が見ている視点の狭さを思い知らされ
　　た。意見がぶつかることもあり，それがまた新鮮であった。教授と
　　はぶつかっても言いにくいので回りくどく話したりする。ここでは
　　ストレートに話せて相手が何を言いたいのかもわかるので，理解の
　　深まることも多くそれがよい経験となった」
　　（修士2年・男性・20代）

　三つのグループには，それぞれファシリテーター兼観察者が付き添っ
ていた。その観察を総合すると，各グループの議論はおおまかにいって
次のようにして進んでいった。いずれのグループでも，最初はiPhone
やスマートフォンをいつごろ使い始めたか，2007年前後は何をしてい

図 14-2　生活・文化班の WS 風景　　　　　　　　　　　（筆者撮影）

たかなどを，メンバーが自己紹介を兼ねて話し合っていた。すると相互
の話に触発されて，各自が 2010 年前後に流行った音楽やドラマ，自分
を取りまく環境や使っていたハードウェアやソフトウェアなどを思い出
すことになった。それらをさらに照会し合いながら，徐々に当時のメ
ディア環境の一般的なイメージを共有していった。その様子は 13 章で
論じた「memories & History（思い出と歴史）」の活動とよく似ていた
といえる。

　次に，iPhone をはじめとするスマートフォンが存在しないという状
況について概念的に議論をしていた。スマートフォンとは何か，どうい
う役割を果たしているか，それはいかに代替されうるのか，もしもそれ
がなかったらいかなるコミュニケーションやサービスがさかんになって
いた可能性があるか，などを話し合っていた。そこからいくつかのモ
チーフを生み出すことになった。

238

その後，ファシリテーターに急かされながら，参加者はパラレル・ワールドを構想し始めた。そこからは映画の脚本を書くかのごとく，必要な情報をネットで検索し，メンバーが協力しながらシナリオを完成させていく。さらに最終発表会のために，スライドを作成し，そこにナレーションを吹き込む作業などをした。

第3日目の後半には中間発表会をおこなって参加者全員でディスカッションをし，5日目の最後は最終発表会をして，筆者の司会で総括的な議論をおこない，事後インタビューなどをおこなった。

（3）三つのオルタナティブなシナリオ

各班のシナリオをおおまかに紹介すると次のとおりである。

⒜　行政・公共班「汎用化した Suica」

Apple のない世界では，PC やすでにあったデジタル・メディアの「アカウント」が重要になった。2001 年に JR 東日本が導入した IC カードの Suica が独自の発展を遂げ，エンターテインメントや音楽コンテンツなどあらゆる情報サービスに Suica を介してアクセスが可能になっている。そして 2019 年には，Suica が社会の中心を占める巨大プラットフォームとなり，アカウントに蓄積された接触履歴，購買・決済情報，位置情報などがクラウド環境で管理されるようになる。ハードウェアや IC カードの意味はあまりなくなり，アカウントがすべてを統制する不可欠の存在となっている世界。

⒝　生活・文化班「避難所情報共有プラットフォーム　HINANJO」

スマートフォンが存在しないために SNS もあまり発達していない。その代わりに PC や大型電子掲示板（ディスプレイ）がコミュニケーションの中心となり，人々はコミュナルなメディア利用をさかんにして

いる。2014 年に首都圏直下型地震が発生したという想定のもと，避難所にある PC や大型ディスプレイをつなぐソフトウェア「HINANJO」が活用され，地域住民の生活を支えるプラットフォームとなり，新たなコミュニティ形成につながっていく。

⒞　**産業・ビジネス斑「すべての人にスマートエージェントを：BANANA 社」**

　Apple がなくなりスマートフォンが存在しない世界では，既存の家電メーカーが勢力を保っている。鍵となるのは家電などの機器をコントロールする OS だ。そんななか，音声認識技術を発展させて「スマート・エージェント OS」を開発した BANANA 社が，業界他社や異業種を巻き込んだプラットフォーム企業となり，Google, Amazon と並び「GAB」と称される存在となった。この世界では 2019 年現在，個人情報の保護派と開示派の争いが社会問題となっている。

　いずれのシナリオも，技術，産業，国家，制度，文化，紛争や災害など，さまざまな要素が総合的に盛り込まれていた。

6.　参加者の変化

　ランドスケープ WS の参加者には事前，事後にアンケート調査をした。まず，スマートフォンに対する意識に興味深い変化が見られた。すなわち，事前にはスマートフォンがないと「生活に支障が出る」という意見が全体の 75％を占めたのに対して，事後では「生活が不可能だ」という，より強い意見が増加する一方，「生活にあまり支障がない」という意見も増加したのである。また「プラットフォームに関する知識」

240

では，「よく知っている」が増加し，「聞いたことがない」がなくなるなど，WS によって全般的に向上したことがわかる。いずれの結果からも，参加者が以前に比べてスマートフォンやプラットフォームについて，より意識するようになったことが明らかになった。

　次に二人の事後インタビューでの発言を記しておく。

　　「いろいろ考えたなぁと思う。iPhone とはなんなんだろう，スマートフォンとはなんなんだろう，Apple はわれわれの何を変えたのか，などこの WS に近いところから，あとはどんなシナリオをつくろうか，とか。今回のように役割分担をしてシナリオをつくる活動は映画つくるような感じで，みんなの担当分野が違って，いろいろ突き合わせたりして，すごくクリエイティブだった。いろいろな経験ができた。メディアについて普段まったく考えないようなことを，無茶苦茶たくさん考えた。想像力が試されたり，養われたりしたのではないか。グループワークの過程で，思ったより直下型地震が怖いものだという話をしたが，想像できてないんだぁわれわれ，と痛感した。同時にこの WS が，想像できていないことをどうやったら想像できるか，ということのヒントになるかもしれないと思った」（大学院修士課程 2 年・男性・20 代）

　　「この WS で，ICT 企業の人たちが会社にとっていいようなメディアの環境をつくってこういう状況になったのかなあって，ぼんやりと考えていたんですけど。そう思うと，この WS で問われていたことって，一番下にいる普通の人が一から自分たちにとってどういうメディア環境がいいのか，ということ。なんかこう，自分たちで考えれば結構，まったく違ったメディア環境になるはずなんだ

よなって，いうのを感じて。今の状況は企業が作り上げた環境で，本当に下の，こういう私たちだったらどういうのを求めるのかって，それを一から考えようと思うと，あらためてメディアのどういう機能を私たちが求めているのかを，もう一回考え直すっていうことだったのかなって，あまりうまく言えないですけど……。今もうWS 終わってしまいましたけど，どういうものをメディアに求めたいのかなあっていうのをちゃんとふり返ってみたいなあっていう気がします」（社会人・女性・20 代）

　このような感想からは，WS の参加者が iPhone とそれが技術的，文化的なモデルを提示したスマートフォンが存在することの自明性を問いなおすきっかけを得て，現代のメディアの生態系の複雑な相関関係に気づくようになったことがうかがえる。そしてメディアの生態系のあり方には国家や大企業，あるいはハイテク技術だけでなく，一般の人々の日常生活における文化とリテラシーのあり方が大きく関わっていることに気づき，さらにいえばメディアの生態系のこれからのあり方は，一般の人々自身が変えていくことができるかもしれないという可能性に覚醒した人もいた。

7. オルタナティブなランドスケープを夢想する力

　まとめておこう。本章ではまず，メディアのプラットフォームやインフラストラクチャーのデジタル化が貫徹しつつある近年の状況と，それと呼応してメディア論がテキストからインフラストラクチャーへとその関心を推移させつつあることを論じた。そしてメディア論と並んで車軸の両輪をなすべきメディア・リテラシーもまた，テキストの批判的読み

解きを超えた新たな領域が切り拓かれるべきだという考えから，そのための差し当たりの学習プログラムとして，ランドスケープ WS を取り上げてきた。無論これは一つの事例に過ぎず，インフラリテラシーの展開のためには，さまざまな基礎知識の伝授の場や，年齢や立場に応じた体系的な学習プログラムが用意されていく必要がある。

　WS の複数の参加者から，パラレル・ワールドのようなメディア・ランドスケープを想像するだけではなく，それを実際につくってみたいという発言が出ていたことは極めて興味深い。ここでいう，つくる，創造するとは，今あるものとは異なるプラットフォームやメディア機器を完全な商品などとして制作するという意味ではない。それは一般の人々にとって不可能に近いことである。そうではなくて，差し当たり現存するさまざまなサービスやアプリケーション，機器を DIY 的に結びつけ，応用的に活用してみたいというのである。さらにいえば，そうやってDIY 的に組み上げたモノやシステムによって，グローバル資本主義に則った大企業中心，大都会中心のあり方ではなく，地域コミュニティに軸足を置き，たとえば高齢者や女性にも使いやすいメディア・インフラの仕組みを，実験的でもいいから作り上げてみたいということだった。

　本 WS がこのような希望を参加者に持たせることができたとするならば，その延長上には，新たなタイプのメディア・リテラシーを身につけた人々が，地理的，社会的なコミュニティに根差して，学校，大学，ミュージアム，地域の公共施設，コミュニティ・メディアなど，さまざまな領域と協働し，独自のメディアの生態系を生み出し，運営していくことが展望できる。そのような実験的で，共同体的なメディアの生態系を，私は「メディア・ビオトープ（Media Biotope）」と呼んでいる[7]。メディア・ビオトープは，群雄割拠する資本主義的メディア・プラットフォームに対して対抗的な力を持つことだろう。それが仮にユートピア

的な夢物語だとしても，新しいメディア・リテラシーはそうした構想力を持った上で，混とんとしたメディア環境のなかでどうにか生きていくレジリエンスと，現状を批判的にとらえるバイタリティを宿すものでなくてはならない。

注

(1) マクルーハン (1968) を参照。

(2) 吉見・水越 (2001) を参照。

(3) Hall & Whannel (1965) を参照。

(4) 吉見・水越 (2001) を参照。

(5) Peters (2015) や Morely (2017) を参照。メディアを対象とする文化人類学においても，モノやシステムとしてのメディアに照準する研究が発達してきている。藤野・奈良・近藤編 (2021) を参照。

(6) 以下の WS の概説は，水越・宇田川・勝野・神谷 (2020)，Mizukoshi (2020) の該当箇所を本章向けに加筆訂正した。

(7) 水越 (2005) を参照。

参考文献

藤野陽平・奈良雅史・近藤祉秋編『モノとメディアの人類学』ナカニシヤ出版，2021 年

M・マクルーハン／井坂学訳『機械の花嫁：産業社会のフォークロア』竹内書店，1968 年（原著 1951 年）

水越伸『メディア・ビオトープ：メディアの生態系をデザインする』紀伊國屋書店，2005 年

水越伸・宇田川敦史・勝野正博・神谷説子「メディア・インフラのリテラシー：その理論的構築と学習プログラムの開発」『東京大学大学院情報学環紀要　情報学研究』98 号，2020 年

吉見俊哉・水越伸「第 8 回メディア論の系譜(2)」『改訂版メディア論'01』放送大学

番組教材，2001 年

Stuart Hall & Paddy Whannel, *The popular arts.* New York：Pantheon Books, 1965.

S. Mizukoshi, Media Landscape without Apple：A Workshop for Critical Awareness of Alternative Media Infrastructure. *The Journal of Education.* 3（2），December, 2020.

David Morley, *Communications and Mobility：The Migrant, the Mobile Phone, and the Container Box.* Hoboken, NJ：Wiley Blackwell, 2017.

J. D. Peters, *The marvelous clouds: Toward a philosophy of elemental media.* Chicago：The University of Chicago Press, 2015.

学習課題

SF 作品の古典を味わう

　ワークショップは，日常生活で当たり前のものごとに対して，当たり前ではないとらえかたをし，異化する技法です。一方，優れた SF（空想科学小説）は，メディアを異化してとらえる上で，ワークショップに勝るとも劣らぬ想像力を与えてくれます。差し当たり三つの作品を紹介しておきます。それらに登場するメディアや，メディア環境，人間の振る舞いや社会システムの描かれ方に注目して楽しんでみてください。

● 『電脳コイル』

　・テレビアニメ（磯光雄監督，2007 年）

　・小説（宮村優子，2007 年）

● 『アンドロイドは電気羊の夢を見るか』

　・小説（フィリップ・K・ディック，1994 年／原著 1968 年）

　・映画「ブレードランナー」（リドリー・スコット監督，1982 年）

　・映画「ブレードランナー 2049」（ドゥニ・ヴィルヌーヴ監督，2017

年）

● 『攻殻機動隊』
　・マンガ（士郎正宗，1991 年）
　・アニメ映画（押井守監督，1995 年）
　・実写映画「ゴースト・イン・ザ・シェル」（ルパート・サンダース
　　監督，2017 年）
　　本作品にはさまざまなバリエーションがあり，上記以外にも多数の
　マンガ，テレビアニメ，映画が存在し，ゲームやパチンコ型スロット
　マシンのコンテンツにまでなっている。

身の回りのロボット
　　かつてマクルーハンは，人間の目を拡張したものがテレビであり耳を
　拡張したものがラジオであるという趣旨のことを語りました。それでは
　人間そのものを拡張したものとは何か。ロボットではないでしょうか。
　かつては SF にしか登場しなかったロボットが，社会のあちこちに姿を
　現しつつあります。スマートフォンや PC に内蔵された AI システム，
　スマートスピーカー，ペット型ロボット，語りかけると動き始める家電
　や自動車……。あなたの身の回りには，いくつロボットがありますか。
　そして，そもそもロボットとは何でしょうか。家族や職場の同僚，友人
　と話し合ってみてください。

15 | メディア論の展望

水越　伸

《**目標＆ポイント**》　本書全体をふり返り，あらためてそのねらいや基本姿勢を確かめたあと，ここで論じることができなかったことがらを示す。その上で，これからのメディア論の展望を三つの環，すなわち「学問の環」「社会の環」「国際の環」として提案する。
《**キーワード**》　ジャーナリズム，記号論，学際性，文理越境，社会連携，グローバル化，東アジア

....

　本書は飯田豊，劉雪雁と私，水越伸の共著である。第１章，第２章で筆者がメディア論の基礎を論じたあと，飯田がメディアの歴史部分を，劉が地理的部分を担当し，それぞれ具体的な事例と理論・思想を検討した。その後，再び私が，それらの知見をわがこととしてとらえるために必要とされるメディア・リテラシーと，それを体得するための方法論としてのワークショップについて論じ，この最終章にいたっている。

1. メディアそのものへの照準

　本書で私たちはメディア論を，従来のジャーナリズム論，マスメディア論，あるいはメディア文化論や社会学などとは一線を画し，メディアそのものに照準し，その歴史と文化を探求し，その未来をデザインしていくための思想的で実践的な知的営為としてとらえてきた。いい方を変

えれば，メディアを新聞，放送，広告のように業界として確立したマス
メディア，あるいはスマートフォン，SNS などの商品やサービスとし
て一般化したデジタル・メディアなどに限定するような考え方に，私た
ちは批判的である。メディア論研究者である長谷川一が指摘した「個別
メディア産業別縦割り主義」の批判にならい，領域としてのメディア論
ではなくパースペクティブとしてのメディア論の重要性を示したつもり
である[1]。このような視座に立った理由は，領域としてのメディア論
では，デジタル化，グローバル化が進む混沌とした 21 世紀前半のメ
ディア状況，情報技術状況に対応できず，何より私たちがメディアをわ
がこととしてとらえられないためだった。

　しかしそうした観点からこぼれ落ちたことがらは少なくない。以下で
はまず，ここで論じることができなかったことがらを示し，参考となる
先行研究を紹介する。その上で，メディア論の展望を，三つの環，すな
わち「学問の環」「社会の環」「国際の環」として提案することでしめく
くりたい。

2. ジャーナリズム論と記号論

　本書は一般的なテキストであるため，個別の深い議論にまで立ち入る
ことはできなかった。それらについては，各章末にある参考文献・情報
にあたってほしい。その上で，ここで論じられなかった二つの領域をあ
げておきたい。

　第一に，ジャーナリズム論には触れなかった。ジャーナリズムという
言葉の起源であるジャーナルは，もともとは「日々の記録」や日記のこ
とを意味していた。17 世紀以降，新聞，雑誌が複雑な機構体に発展し
て情報の生産と流通を担い，市民社会に対して大きな影響力を持つこと

となった。ジャーナリズムとは，その過程で記者らが民主主義と言論をめぐって職業的に鍛え上げてきた権力監視，客観報道，不偏不党などの一連の信条の体系であり，さらにはそれが母体となった社会思想のことである。現在では新聞，雑誌だけではなくマスメディア全般がおこなう報道，解説，論評活動自体や，マスコミ／マスメディア業界自体の代名詞となることが多い。マスメディアとはジャーナリズムを含めたマス・コミュニケーション現象を仕掛ける機構体であり，巨大化したメディアのありようをいう。その典型である新聞，テレビなどは高度情報技術を駆使する複雑に組織された専門家集団であり，司法，立法，行政と並ぶ《第四の権力》と呼ばれてきた[2]。

　このような歴史のなかでジャーナリズムはマスメディアの専売特許のようにとらえられてきていたが，その状況は特に2010年代に入ってから大きく変化しつつある。第一に，Web2.0以降，さまざまなオンラインメディアが報道，解説，論評活動をすることが一般化した。そのなかにはハフィントンポストやSlateなどといった，いわばプロがつくったオンライン・ジャーナリズムもあれば，LINEニュースのようなニュース配信サービスもある。さらにいえばTwitterやFacebook，Instagramにおける人々の集合知的な情報発信が，結果としてジャーナリズム機能を果たすという場合もある[3]。第二に，世界各地で紙版の新聞，雑誌等が軒並み発行部数を落とし，地上波テレビがNetflix，アマゾン・プライムビデオなどインターネットを介した動画配信サービスのなかに埋没しつつあるなど，伝統的なマスメディアの物質的，技術的基盤が没落しつつある。日本では長らく紙版の新聞や雑誌，地上波ラジオ，テレビが，時事・共同という二つの通信社，電通・博報堂という二大広告代理店とともに「マスメディアの55年体制」と呼べるものを構築してきた。「55年体制」とは本来，東西冷戦体制のもとで自民党と社会党の保革対

立構造を基軸とした日本の政治体制を意味していた。その時代に生まれたマスメディアの形態が，政治の「55年体制」が終わったあとも存続していたのだ。この日本的体制は先進諸国のなかでもずば抜けて精緻で安定した秩序を保ってきていたが，現在は大きく揺らいでいる。ジャーナリズムは本来「マスメディアの55年体制」のなかだけで存立するものではなく，新たなメディア状況のなかで，これまでとは異なる可能性をはらんでいるはずだ。世界各地で生じた経済格差，人種差別，政治的意見の分断や，地球温暖化，新型コロナ禍でのさまざまな問題を私たちが克服していくためには，新しいメディア環境のなかで民主主義を育むジャーナリズムが切望されている。しかし難題山積であり，ジャーナリズム，マスメディアの研究は以前にも増して重要になってきている。

　現代ジャーナリズムの行き詰まりと可能性を論じたものとして，林香里，畑仲哲雄らの思想的なジャーナリズム研究をあげておきたい[4]。ジャーナリズムの多面的な意味合いについては先に簡潔に説明したとおりだが，一方でメディア論はそのようなジャーナリズムが盛り込まれる器であるメディアの社会的造形に関心を持つ。新聞と雑誌ではおのずとジャーナリズムのあり方が違う。ラジオやテレビももちろんだ。日本では，ウェブサイトを用いたデジタル・ジャーナリズムの可能性が何度も叫ばれながらアメリカや韓国などと比べて十分に発達しておらず，マスメディア以外ではジャーナリズムは成り立たないなどという業界人の議論がいまだに横行しているなか，ジャーナリズムの可能性を担保するためにもメディア論が不可欠ではないだろうか。

　第二に，本書では，メディアに盛り込まれるメッセージ，コンテンツ，テキストを分析する記号論，テキスト分析を取り扱わなかった。メディア・コミュニケーション論，メディア文化論，メディア社会学などの教科書においては，テレビや映画など映像作品に現れた女性像，外国

人イメージの分析や，雑誌や新聞をテキストとして分析する歴史社会学的な研究などが独立した章として組み込まれていることがほとんどである。また，オンライン上のファン・コミュニティの研究といった場合，SNS などに設定されたコミュニティで人々がどのようなコミュニケーションをしているか，その内容分析をおこなうことが一般的である(5)。このような研究が広義のメディア論，あるいはメディア・コミュニケーション論の重要な一角を占めることは間違いない。しかし本書は，あえてコンテンツや記号ではなく，その乗り物，器であるメディアに照準した。

　21 世紀前半，音楽やドラマ，小説などのメディア・コンテンツを CD やテレビ受像機，紙版の本ではなく，スマートフォンやタブレットにインストールされたアプリケーションを介して視聴し，その評価や感想を SNS で共有することが日常化している。さらにネット接続された AI 搭載のスマートスピーカーや家庭用ロボット，CASE（Connected（コネクティッド），Autonomous/Automated（自動化），Shared（シェアリング），Electric（電動化））対応の自動車などがメディアとして浸透しつつある。こうしたメディアの技術的変化が，メディア・コンテンツのあり方に大きな影響をもたらすことには注意すべきだろう。また新たなメディアの生態系において人間は，表象やイメージをたんに受容，消費する存在ではなく，それらを編集し，情報として送信するインタラクティブな存在である。表象やイメージを作品のように固定的にとらえることはむずかしくなってきている。記号論，テキスト分析はもともと人文学的な伝統のなかで育まれてきたが，今後はそうしたメディア論的な課題を踏まえて発展していく必要があるだろう。

　日本においては，理論的には情報記号論の石田英敬の研究を参照してほしい(6)。またこのような方向での研究が，死蔵されたり散逸した過

左のポスター，記録映画，テレビ番組，一般市民が撮影した動画などのデジタル・アーカイブ研究と結びつき，発展しつつある。原田健一，藤田真文，丹羽美之，水島久光，吉見俊哉らの研究が重要である[7]。

3. メディア論の展望：三つの環

　最後に，これからメディア論という領域がどのような展開をするべきか，その展望を述べておきたい。あらゆる学問がそうであるように，メディア論もまた他の諸領域との関わりのなかで存在している。さらにそれは大学という象牙の塔のなかに閉じて存在することはできず，広く社会のなかで，現実のさまざまなメディアとの関わりのなかで意義を持つ。そうした観点からメディア論の展望を，学問の環，社会の環，そして国際の環として示しておきたい。ちなみにこの「三つの環」は，2000年に東京大学大学院情報学環が設立された際に，原島博（第二代情報学環長）が情報学環に必要な教育研究の社会的位置づけのあり方として提唱した考え方を応用したものである。

（1）学問の環：越境し深化する

　まず，これからのメディア論は社会学，社会心理学の一部，あるいは人文社会系学問の領域にだけ留まるのではなく，理工系やアート・デザイン系とも連携した学際的で，時代を根本から支える思想へと発展していく必要があり，それが可能だといえる。

　繰り返しいえば長谷川一がいう「個別メディア産業縦割り主義」に枠づけられ，新聞論，放送論，広告論などと伝統的なマスメディアのなかでメディアを論じる姿勢に対して，本書は批判的な立場に立ってきた。一方で，マスメディアは古いと退け，SNS やウェブ・メディアをあた

かもまったく新しいものであるかのように取り扱う一連のデジタル・メディア論にも同意できないと考えてきた。技術の発達にともなって「なんとかメディア論」が雨後の筍のように出てくるというのではなく，そうしたメディアを根本的にとらえなおすこと，メディアとは何かという基本的な問いを思想にまで深めることの重要性を問うてきたつもりである。その問いのなかでは，文系と理系といった19世紀的で，ある意味で日本的な枠組みを乗り越えた理論と思想が必要とされてくる。

　社会のすみずみにまでデジタル化が浸透し，2010年代半ばには人々がスマートフォンとSNSで絶え間なく交信することが当たり前となった。2020年代に入り，私たちを取りまく経済・産業，文化・芸術から医療・福祉まであらゆることがらがオンライン・サービス化し，新型コロナ禍がその状況を加速させた。メディアが個別メディア産業として縦割りでいられた時代は過去のものとなった。1950年代にマクルーハンが「メディアはメッセージである」という警句を発し，1980年代にキットラーは「われわれのおかれている情況を決定しているものはメディアである」という一文で代表作『グラモフォン・フィルム・タイプライター』を書き始めた。こうした議論をメディア決定論，技術中心主義として批判する声は少なくなかった。批判のポイントは，技術やメディアを，社会の外側にあって人々が否応なく受け入れざるをえないものとしてとらえていた点にある。さらにいえば技術やメディアは，一般の人々からはその仕組みや構造がよくわからないブラックボックスだととらえられていた。おしなべて人文社会系の議論はモノや技術を研究対象とすることを避け，それらを人間や社会の外側で人々を疎外するシステムや装置だと暗黙のうちに前提視する傾向があった。

　しかし今日の状況は，技術中心主義やメディア決定論の批判の有効射程を超えたところで動いているのではないか。すでにVR，ロボットや

AIが商品化されて社会に普及しつつあるなか，情報技術がいかなる意図や世界観のもとで開発されるか，どのような規約や規範によって使われるかが課題となってきている。またそれらの技術は社会の外側からやってくるというより，社会の基盤となり，生活や仕事のあちこちに姿を現し，社会の内側で一定の文化的イメージを持った存在となりつつある。それらの新たな人工物が，中長期的にどんな存在として私たちと関わり，いかなる文化や倫理を生み出すことになるのか。テレビと人間，スマートフォンと社会の関係などをめぐって研究が蓄積されてきたメディア論は，こうした課題に応えられる可能性を秘めているはずだ。

　2020年に勃発した新型コロナ禍は，地球規模で人々の生活や経済に大きな影響を与えた。第1章でも述べたが，このテキストを2025年に手に取る人たちが，新型コロナ禍をどのようにとらえているか，2021年10月現在を生きる筆者には想像できない。ただハイパーモビリティといわれた人やモノのグローバルな移動が著しくさかんな状況が2019年以前と同様にまで戻っているとは考えにくい。同時に，Zoom，Microsoft Teams，Cisco Webexなどのオンライン会議サービスが仕事や教育に急速に浸透することとなった。2020年前後から地球全体で社会的コミュニケーションのデジタル化，オンライン化が格段に進んだことは記憶しておく必要があるだろう。

　「三密」回避のスローガンのもとで，私たちはそれまで当たり前のようにおこなっていた対面コミュニケーションに慎重になり，注意を払うようになった。その過程で，対面コミュニケーションにも，空間，身体，声，服装，マスク，化粧，ジェスチャーなどさまざまなメディアが介在していることに図らずも気づくことになったのであった。新型コロナ禍以前，空間や身体もまたメディアであるということを理解できる人々は少なかった。しかしデジタル化，オンライン化したコミュニケー

ションがメディアの介在により成り立っていることと同じように，対面
コミュニケーションにもまた介在するモノやシステムがあることが，多
くの人々に体感されるようになったのである。

　遠隔医療，ロボットによる福祉や介護，自動運転，スマートシティ，
オンライン学習をはじめ，あらゆる社会活動がメディアに媒されて成り
立つ状況のもとで，あらゆる学問がメディア論とその知の介在によっ
て，あるいは下支えによって成り立つ時代が到来したとはいえないだろ
うか。そうだとすれば，メディア論の守備範囲は広大であり，21世紀
の基礎的な思想であり学問として，その位置づけが変わってくることに
なるだろう。

　2000年から約20年間，筆者は，情報，メディア，コミュニケーショ
ン研究に取り組む文理越境型の大学院である東京大学大学院情報学環に
おいてメディア論に取り組んだ。情報学環に類した学際的な動きが内外
各地で進められつつある。ここでは国内の二つの組織的な動きを紹介し
ておこう。一つは法政大学社会学部メディア社会学科が2018年におこ
なった改編である。同学科は，分析，表現，設計という三つのコースで
教育カリキュラムを新たに設定した[8]。ここでいう分析とは，メディ
ア社会の分析，メディア・コンテンツの分析など，従来の人文社会系学
問の調査研究のやり方を表している。表現とは，映像やデジタルコンテ
ンツ制作などを指している。そうした実務教育はこれまでも存在した
が，分析に対する表現のような形ではっきり概念的に区分されることは
少なかった。この二つに加えてさらに設計が併置されている点は重要
だ。ここでいう設計とは広い意味でのメディア・デザインのことを意味
している。マスメディア時代には工学部などで学ぶこととして分離され
ていたメディア技術やプラットフォームのあり方に学際的にアプローチ
しようとするものだ。分析，表現，設計は，メディア・リテラシーの観

点からすれば，批判的な読み解き，能動的な表現，そしてメディア・プラットフォームやインフラストラクチャーの文化的社会的なあり方に対するアプローチに呼応している。同大学メディア社会学科は，首都圏において長い歴史と分厚い教員陣を誇る名門だ。このコース改革が，単なる実務家育成にとどまらず，新しいメディア環境に適応する越境的な教育研究の動きとして展開するならば，他大学でも類似の動きは起こりうるだろう。

　もう一つは，1951 年に日本新聞学会として設立され，1992 年に日本マス・コミュニケーション学会へと改組された学会が，2021 年に日本メディア学会へと名称を変更したことだ。その趣旨からも，マスメディア中心のメディア観から脱却し，社会のあらゆる領域で基盤となるメディアへとその理論的射程を拡張するとともに深化させるねらいを見て取ることができる[9]。

（2）社会の環：メディア論の共創的展開

　次に，メディア論がアカデミズムに閉じることなく，一般市民やメディア事業体との対話を重ね，ともに新たな知識や実践を展開していくこと，すなわち共創的な展開が求められる。この点で日本のメディア論は，すでに一定以上の実績があるといってよい。

　一つは市民メディア，コミュニティ・メディアとの連携である。1990年代にインターネット，ノートパソコンとさまざまなソフトウェア，小型高性能なビデオカメラなどが普及し，それまでマスメディアのプロにしかできなかった番組づくりやミニコミづくり，さらには電子掲示板の運営などが全国各地でおこなわれるようになった。2000 年代初頭には，そうした動きが結実して市民メディア全国交流協議会という全国規模のネットワークも誕生し，現在にいたっている[10]。

　この過程で，全国各地の大学でメディア論に関わる研究者や学生たち
が，地域住民と協働してきている。主だった事例を列挙しておこう。関
本英太郎，坂田邦子（ともに東北大学）は地元のマスメディア，NPO，
ミュージアムなどと連携し，特に東日本大震災以降，さまざまなメディ
ア実践を進めている。原田健一（新潟大学）らは，地域に眠っていた8
mm フィルムなどを発掘し，それらをアーカイブにすると同時に上映会
などを開催している。松本恭幸（武蔵大学）は学生らと東日本大震災被
災地での市民メディア活動に取り組み，松野良一（中央大学）は学生ら
と映像制作を持続的に展開し，水島久光（東海大学）は全国各地で映像
アーカイブを立ち上げ，地域の記憶と記録を接続する活動を進めてい
る。小川明子（名古屋大学），土屋祐子（桃山学院大学）らは，デジタ
ル・ストーリーテリングを各地で展開し，さらにホスピタル・ラジオな
どの新たな試みを進めている。松浦さと子，畑仲哲雄（ともに龍谷大
学）は学生らとラジオ番組の制作，放送を継続し，阿部純（広島経済大
学）は，尾道を拠点に Zine の出版や地域ミュージアムに参画している。
重要なことは，これらがすべて，研究者単独の活動ではなく，なんらか
の形でゼミや授業を履修する学生たちの教育の場であり，メディア連携
の機会となっているということだろう。その過程は，学生にとっても地
域住民にとっても，メディア・テキストの批判的読解と能動的表現を循
環させながら学んでいく，得がたい機会になっている。
　メディア事業体との連携に目を向けてみよう。丹羽美之（東京大学），
藤田真文（法政大学），松山秀明（関西大学）らは日本テレビや TBS
と共同研究を展開し，ドキュメンタリーのアーカイブを構築するととも
に，その教育利用を促進してきた。渡邉英徳（東京大学）は独自に「ヒ
ロシマアーカイブ」「沖縄アーカイブ」などの参加型デジタル・アーカ
イブを構築し，一般利用ができるようにするとともに，地域における持

続的な記憶や語りの機会を提供してきている。もともとアルファブロ
ガーだった藤代裕之（法政大学）は，新しいタイプのジャーナリスト教
育の仕組みづくりや，SNS 上のフェイクニュースなどを検証するため
のファクトチェック・イニシアティブ（FIJ）の立ち上げなどに取り組
んでいる。また関西大学は「地方の時代」映像祭を長く切り盛りしてき
ており，東京一極集中が長らく続く放送業界のあり方に対するオルタナ
ティブな議論の場を提供してきた。

　メディア事業体からのアプローチもある。たとえば NHK は 2010 年
から「NHK 番組アーカイブス学術利用トライアル」を展開し，NHK
の番組やニュースのうち約 2 万本を学術利用のために提供してきた。こ
の活動は，人文社会系を中心とする学術研究で活用されてきている。新
聞の業界団体である日本新聞協会は，2000 年に日本新聞博物館を開館
し，新聞を教材として用いた教育活動である NIE（Newspaper In
Education：教育に新聞を）を全国的に事業展開している。民放の業界
団体である日本民間放送連盟は，1999 年からメディアリテラシー活動
に取り組んでいる。NTT ドコモは 2004 年に携帯電話，スマートフォ
ンなどについての社会科学的な研究をおこなうモバイル社会研究所を設
立し，イベントや白書の刊行などをおこなっている。

　「社会の環」を形成する上で重要なことが二つある。第一に，「対話と
対決」の両面で臨むことだ。メディア事業体がアーカイブやミュージア
ムをつくったり，メディア・リテラシーに臨む目的は何か？　そこに
は，一般の人々が過去の新聞やテレビ，広告にアクセスしやすくするた
め，メディアの公共性を高めるためという理念的なものもあるだろう。
だがテレビ局や新聞社には必ず，自社がマスメディアとしての社会的責
任を果たしていることを世間に知らしめ，イメージ向上を図ろうとする
意図が存在する。その他，学術研究と事業体のあいだでは共同研究や共

同事業の進め方に関してさまざまな論理の違いがある。そうしたなかで研究者が現場の論理に乗ってしまい，結果として企業や業界のPRのお先棒担ぎになるようなことは避けなければならない。他方でマスメディアの現場を頭から研究対象に過ぎないと決めつけ，ともに考えて新たなメディアのあり方を探ろうとすることを否定してしまうことも，あってはならないだろう。互いに価値観や論理が異なる研究者と実務家が対話を重ねてその相違を乗り越えていくこと，特に摩擦や軋轢を恐れずに対決をすること，そうした対話と対決をバランスよくおこなっていく必要がある。このことはメディア事業体に限らない。自治体や政府，学校などとの社会連携においても同様である。対話と対決がうまく進む「社会の環」が形成されれば，メディア論を思弁的になりがちな大学やアカデミズムに閉じた世界のなかだけで論じることの限界を克服する可能性が広がるだろう。さらにメディアの実務家だけではなく，視聴者，読者，ユーザーなど多様な観点からのメディア理解，ニーズや問題の発見が，メディア論を社会的意義のある，より豊かなものにしていく。メディア論がもともとそのような社会連携のなかで発展してきたことを忘れてはならない。

　もう一つはこの点と関連している。研究者や大学がメディア事業体やICT企業，市民団体，地方自治体などと交流，連携，共創することは，たんなる社会連携に留まるのではなく，新たなタイプのメディアとその利用のあり方を探るための社会実験の場としての意義を持っている。あらゆるものがメディアの介在によって成り立つ社会は，同時に高度情報資本主義社会でもある。GAFA（Google, Amazon, Facebook, Apple）やBATH（Baidu, アリババ, テンセント, HUAWEI）などと総称されるメディア・プラットフォームの巨大企業（ビックテック）が提供するサービス以外のメディアのあり方はないのか，そのためにはどのよう

な技術的，社会的，経済的要件が必要なのか，そうしたことを持続的に探るための場を，社会の環のなかに見出していくことが，今後の大学にとって必要となるだろう。

（3）国際の環：トランスナショナルなネットワーク

　最後に，メディア論を日本という国家の枠組みのなかだけで考えるのではなく，東アジアへと開いていくこと，さらに「国際の環」に位置づけていくことが求められる。なぜそうする必要があるのか。二点をあげることができる。

　第一に，メディア環境のグローバル化に対応するためである。第 2 章や飯田豊が担当した諸章で論じたとおり，メディア論は常にそれぞれの時代に社会に姿を現した新しいメディアの認知とその社会的影響に関する議論から出発し，学問的な蓄積がなされてきた。おおまかにいえば，新聞や雑誌，出版の時代には新聞学，出版学などが提唱され，マス・コミュニケーション論はそれらに加えてラジオやテレビなど放送のインパクトをめぐって展開した研究領域だったといえる。それらのメディアは当時の技術環境，言語，制度などによっておおむね国家の単位でくくられて発達した。

　その状況は 1980 年代後半，つまり国境を越える衛星放送が東西冷戦構造の終結に大きな力を発揮し，東アジアにおいても国や地域を超えた映像コンテンツの流通がさかんになり始めた頃から変わり始めた。1990 年代に入るとインターネットが普及し始め，2000 年代にはインターネットがグローバルなメディア流通のインフラストラクチャーとして確立していった。この過程で日本のテレビ番組，映画，マンガなどのポピュラー・メディアが，一般人はもとよりマスメディア業界の人々や研究者の予想を超えて，世界各地で人気を博するようになった。

　2010 年代半ば以降，Apple iPhone に端を発したスマートフォンが定着し，それらのディスプレイ上には GAFA が提供するサービスが定着していった。GAFA がすべてアメリカ企業であるのに対して，ICT 領域で独自の発達を遂げてきた中国からは BATH が立ち上がる。こうしたなかで韓流や K-POP がグローバルに展開し，中国やインド，ブラジルなどのメディア産業もまたそれぞれが国の枠組みを超えたリージョナルな発展を見せつつある。2020 年代初頭，日本の携帯電話やテレビディスプレイはガラパゴス化して世界市場を急速に失い，コンテンツ産業においてはアニメ，マンガなどに特化し，ニッチを保っている状態である。

　このようなメディア環境の遷移は，コンテンツ，プラットフォーム，オーディエンスなど，メディア論において基本となる概念や対象のあり方を否応なくグローバルな形に変化させた。世界的な新型コロナウイルス感染の影響拡大のもとで人間の行き来は劇的に鈍化した。しかしモノや情報の流通は以前にも増して拡大している。これからは，このような遷移を遂げたメディア環境がメディア論の前提とならなければならない。

　第二に，欧米志向一辺倒の状況に陥らないように，メディア論を相対化するためである。マス・コミュニケーション論，メディア論はいずれも戦後，欧米から日本に持ち込まれたものとして発展をしていった。テレビが本格的に普及し始めた 1960 年代以降，特にアメリカのマスメディアの影響・効果研究の諸概念や調査方法を日本の都市部や農村に応用して実証研究を進めることが普通だった。1990 年代に入るとカナダのトロント学派のメディア論が見なおされたり，英国のカルチュラル・スタディーズが注目を浴びるなどして，マス・コミュニケーション論からメディア論へというパラダイムシフトが生じた。しかしいずれの時代

においても，理論や諸概念は欧米から日本に輸入されるものであり，日本の研究者はそれらを日本という国の枠組みのなかで応用加工し，日本語の論文や書籍，研究発表をおこなうことが，所与の前提になっていたのである。

　しかし衛星放送やインターネットの普及にともない，日本のアニメや映画などが世界各地で思いもかけない形で人気を呼び，やがてそれらをめぐるポピュラー文化研究が，メディア論の一環として各地で立ち上がった。同様の現象が韓流，K-POP などをめぐっても生じるようになった。こうした研究はカルチュラル・スタディーズの領域で発展し，2000 年代にはインターアジア・カルチュラルスタディーズが学会として設立され，日本，韓国，台湾，香港，中国から東南アジアにかけてのリージョナルなメディア文化現象に注目が集まった。こうした動きは欧米とは相対的に異なるアジア圏でメディア論の発展をもたらしたといえる。日本のカルチュラル・スタディーズ学会が毎年開催するカルチュラル・タイフーンには，アジアを中心に世界各地から人が集まるようになっている。

　このような国際の環のなかで，日本に相対的に独自なメディア論の再発見もなされている。*Media Theory in Japan*（『日本のメディア理論』）という北米と日本の若手・中堅研究者による論文集を取り上げてみよう[11]。ここで著者らは，主に 20 世紀初頭から半ば過ぎに現れた日本のメディア論を丹念に洗い出し，欧米志向一辺倒の風潮のなかで正当な評価がなされてこなかった思想家，研究者，アーティストなどを再発見している。ここで編者のマーク・スタインバーグ，アレキサンダー・ザールテンらが評価する日本のメディア論とは，以前の日本の業界の枠組みにおいて日本語だけで取り組まれていた古いマス・コミュニケーション論やマスメディア論とは明らかに異なるものであることに留意してほし

い。彼らは学術研究というものがジェンダー，民族，国家，階級などと根深く結びついた文化的な営みであることを批判的にとらえた上で，日本に相対的に独自なメディア論を評価しているのだ。そして同様の独自性は韓国，台湾，香港，中国などについても見出せることであろう。東アジアの共通性と，それぞれの国や地域の相対的な独自性を広く国際の環のなかでとらえることで，初めてメディア論の知的深化は進むだろう。

　私たちの生活，仕事，学習，恋愛，育児，経済などあらゆることがらがメディアを土台に成り立つ 2020 年代，私たちはその土台の仕組みやあり方を常に意識しつつ，互いに声をかけ合いながら批判的にとらえなおし，能動的に活用していく必要がある。メディア論は，大学や研究者のあいだに閉じた，いたずらに難解で思弁的なものであるべきではなく，私たちの日常実践の思想であり，理論を提供する営みであるべきである。

注

(1) 長谷川（2011）を参照。
(2) 水越（2017）を参照。
(3) 章（2017）を参照。
(4) 林（2011），畑仲（2014）を参照。
(5) 近年の優れたテキストである石田佐恵子・岡井編（2020）などを参照してほしい。
(6) 石田英敬（2020）を参照。
(7) 原田・水島（2018），藤田（2006），丹羽・吉見（2012，2014），水島（2020）などを参照。
(8) 法政大学社会学部のウェブサイトを参照。
(9) 日本メディア学会のウェブサイトを参照。

(10) 市民メディア全国交流協議会および市民メディア全国交流集会のウェブサイト参照。

(11) Steinberg & Zahilten ed. （2017）を参照。

参考文献・情報

石田佐恵子・岡井崇之編『基礎ゼミ　メディアスタディーズ』世界思想社，2020 年

石田英敬『記号論講義：日常生活批判のためのレッスン』筑摩書房，2020 年

章蓉『コレクティヴ・ジャーナリズム：中国に見るネットメディアの新たな可能性』新聞通信調査会，2017 年

丹羽美之・吉見俊哉編『岩波映画の1億フレーム（記録映画アーカイブ1）』東京大学出版会，2012 年

丹羽美之・吉見俊哉編『戦後復興から高度成長へ：民主教育・東京オリンピック・原子力発電（記録映画アーカイブ2）』東京大学出版会，2014 年

長谷川一「メディアとしての……：暗黙知，枠組み，コンテクスト・マーカー」『マス・コミュニケーション研究』78 号，2011 年

畑仲哲雄『地域ジャーナリズム：コミュニティとメディアと結びなおす』勁草書房，2014 年

原田健一・水島久光編著『手と足と眼と耳：地域と映像アーカイブをめぐる実践と研究』学文社，2018 年

林香里『〈オンナ，コドモ〉のジャーナリズム：ケアの倫理とともに』岩波書店，2011 年

藤田真文『ギフト，再配達：テレビ・テクスト分析入門』せりか書房，2006 年

水越伸「メディアと社会」『現代用語の基礎知識 2018』自由国民社，2017 年

水島久光『戦争をいかに語り継ぐか：「映像」と「証言」から考える戦後史』NHK 出版，2020 年

Marc Steinberg and Alexander Zahilten ed. *Media Theory in Japan*, Duhram & London, Duke UP, 2017.

264

市民メディア全国交流協議会＆市民メディア全国交流集会
　https://medifes.wordpress.com
日本メディア学会　http://www.jams.media/
法政大学社会学部　https://www.hosei.ac.jp/shakai/

索引

●配列は五十音順，＊は人名を示す。

分担執筆者紹介

飯田　豊 （いいだ・ゆたか）　　　　　　　　　　　　・執筆章 → 3〜7

1979 年	広島県福山市生まれ
2001 年	東京大学工学部機械情報工学科卒業
2010 年	東京大学大学院学際情報学府学際情報学専攻博士課程単位取得退学
2007 年	福山大学人間文化学部メディア情報文化学科専任講師
2012 年	立命館大学産業社会学部准教授
2022 年〜	立命館大学産業社会学部教授
専攻	メディア論，メディア技術史，文化社会学
主な著書	『テレビが見世物だったころ：初期テレビジョンの考古学』（青弓社）
	『メディア論の地層：1970 大阪万博から 2020 東京五輪まで』（勁草書房）
	『メディア技術史：デジタル社会の系譜と行方［改訂版］』（編著：北樹出版）
	『現代メディア・イベント論：パブリック・ビューイングからゲーム実況まで』（共編著：勁草書房）

劉　雪雁 (LIU XUEYAN)

・執筆章→8～12

1969 年	北京生まれ
1992 年	来日
1997 年	東京大学大学院人文社会系研究科博士課程単位取得退学，東京大学新聞研究所，のちに東京大学大学院情報学環助手
2000 年	（財）国際通信経済研究所（現・マルチメディア振興センター）客員研究員，BBC ワールドサービス中国語サービスレポーター
2011 年	関西大学社会学部准教授
2019 年～	関西大学社会学部教授
専攻	メディア論
主な著書	『メディア論』（共著：放送大学教育振興会） 『メディア・プラクティス：媒体を創って世界を変える』（共著：せりか書房） 『東アジアのメディア・コンテンツ流通』（共著：慶應義塾大学出版会） 『東アジアの電子ネットワーク戦略』（共著：慶應義塾大学出版会）

編著者紹介

水越　伸 (みずこし・しん)

・執筆章→ 1〜2, 13〜15

1963 年	三重県桑名市生まれ，石川県金沢市育ち
1986 年	筑波大学第二学群比較文化学類現代思想学コース卒業 在学中よりデザインオフィス COATO にてインダストリアル・デザインと消費社会の文化人類学の調査に従事
1989 年	東京大学大学院社会学研究科博士課程中退，東京大学新聞研究所（現・大学院情報学環）助手
1993 年	東京大学社会情報研究所（現・大学院情報学環）助教授
2001 年	市民のメディア表現やメディア・リテラシーの実践的研究に取り組む「メルプロジェクト」
2009 年	東京大学大学院情報学環教授
2014 年〜	バイリンガルの独立雑誌『5：Designing Media Ecology』編集長
2022 年〜	関西大学社会学部教授
専攻	メディア論
主な著書	『メディアとしての電話』（共著：弘文堂） 『メディアの生成：アメリカ・ラジオの動態史』（同文舘出版） 『20 世紀のメディア：エレクトリック・メディアの近代』（編著：ジャストシステム） 『新版デジタル・メディア社会』（岩波書店） 『メディア・プラクティス：媒体を創って世界を変える』（共編著：せりか書房） 『メディア・ビオトープ：メディアの生態系をデザインする』（紀伊國屋書店） 『コミュナルなケータイ：モバイル・メディア社会を編みかえる』（編著：岩波書店） 『メディアリテラシー・ワークショップ：情報社会を学ぶ・遊ぶ・表現する』（共編著：東京大学出版会） 『改訂版　21 世紀メディア論』（放送大学教育振興会） 『メディア論』（共著：放送大学教育振興会）

放送大学教材　1579363-1-2211（テレビ）

新版　メディア論

発　行　　2022 年 3 月 20 日　第 1 刷
編著者　　水越　伸
発行所　　一般財団法人　放送大学教育振興会
　　　　　〒 105-0001　東京都港区虎ノ門 1-14-1　郵政福祉琴平ビル
　　　　　電話　03（3502）2750

Printed in Japan　ISBN978-4-595-32352-2　C1355